# 孩子的心事你要懂

谭宝屏 著　　京师博仁 组编

台海出版社

**图书在版编目（CIP）数据**

孩子的心事你要懂 / 谭宝屏著 . -- 北京：台海出版社，2019.5

ISBN 978-7-5168-2281-4

Ⅰ . ①孩… Ⅱ . ①谭… Ⅲ . ①青少年心理学—通俗读物 Ⅳ . ① B844.2-49

中国版本图书馆 CIP 数据核字（2019）第 048764 号

**孩子的心事你要懂**

著　　者：谭宝屏

责任编辑：贾风华　　装帧设计：仙境

责任印制：蔡　旭

出版发行：台海出版社

地　　址：北京市东城区景山东街 20 号　邮政编码：100009

电　　话：010 — 64041652（发行，邮购）

传　　真：010 — 84045799（总编室）

网　　址：www.taimeng.org.cn/thcbs/default.htm

E - mail：thcbs@126.com

印　　刷：天津旭丰源印刷有限公司

开　　本：710 毫米 ×1000 毫米　1/16

字　　数：202 千字

印　　张：14.5

版　　次：2019 年 5 月第 1 版

印　　次：2019 年 5 月第 1 次印刷

书　　号：ISBN 978-7-5168-2281-4

定　　价：39.80 元

谭宝屏

国家二级心理咨询师

中国心理学会会员

中国心理学会注册系统注册助理心理师

中学心理健康教育专职教师

2005 年开始从事心理咨询工作，累计咨询个案时数 3000 小时

# 前言

这是一本《心理故事集》，是为了中小学学生家长而写，目的是帮助家长们更好地理解自己的孩子身上发生的事，在“看见”孩子的时候，也“看见”自己。

虽然有的故事看起来比较少见，但是，背后揭示的人心、人性却是真实的。

人性的各种欲望与价值的多元化、信息爆炸式呈现，使我们每个人都感到动荡不安，在这样“复杂”“变化”的环境中必然会产生很多焦虑和无助，这会直接影响我们的行为，也会波及我们的人际关系，尤其是跟我们关系最亲密的家人。

我是一名中学的心理老师，在面对故事中呈现的种种人生的苦难和当事人各种内心的煎熬时，只能尽自己的绵薄之力，做力所能及之事。

这本书的写作源于一个朴素的想法：通过本书，普及一些心理健康方面的知识。当普罗大众在看待发生在自己身边或者就是发生在自己身上的类似情况时，有可以参照的对象，至少可以减轻一些焦虑和不安，或者有一些思路可以借鉴。这样就能帮助社会上更多的家长和孩子。

这本书能够最终呈现在大家面前，非常感谢很多人的默默付出，他们是学校的领导、同事和学生，是他们的信任和支持给予我广阔的工作空间和机会，还有我的各位老师和同学，是他们一直陪伴我在这条并不轻松的道路上不断前行，以及我的家人，是他们一直以来默默地付出和奉献，始终支持着我。

谭宝屏

2018.6.5

# 目　录

# 第一节

## 钱是最重要的吗——被父母抛在家里的孩子

“谭老师，你帮我看看这个孩子。”说话的是高一年级的班主任W老师，“她是我们班的语文课代表，成绩很好，作文尤其写得好。”说话间W老师欣慰的表情变成焦虑、担心，“可是，最近，她的作文里老是流露出很多情绪，让人很不放心。你是心理老师，帮我看看。”

这位班主任口中的学生Z，我也是略有耳闻，她不仅是校报主编，还是学校广播站的文编，作文也是经常获奖，人还长得清秀，是全校男生心中的“女神”，常常被告白，是校园热搜榜首。

下午，Z按时来到辅导室。

坐下后，我仔细观察眼前这位：

瘦瘦高高的样子，有几绺头发随意地垂在耳边，其余的扎成马尾，薄薄的耳翼，在阳光下透着光，还能看到细细的绒毛。校服整洁，衣领上画着一只小小的蜻蜓，只是画得很小、很仔细，不注意的话，会以为是个墨迹。

她抬眼望着我，等着我说第一句话。

“你好！我是谭宝屏，学校的心理老师。”

她似乎一愣，回应道：“你好！谭老师。”

“你不打算做一下自我介绍吗？”我微笑着望着她。

“你不知道我是谁吗？”

“我想听你自己说说，你是谁，你为什么会来这里？”

她看着我，想了想，说：“我是Z，老师让我来的，我不知道为什么会来这里。”

我微笑着看着她：“那你自己对此有什么自己的理解吗？”

她低下眼，沉默了。

我默默地注视着眼前这个孩子，她到底有怎样的经历，对这个世界有怎样的看法，她到底是怎样的人呢？

过了一会儿，她开口了：“老师，你说，钱是世界上最重要的吗？”

我怎么也没想到，她会突然谈到这个话题，迎着她的目光道：“你自己是怎么看的呢？”

过了一会儿，她似乎字斟句酌地说：“我觉得，钱，的确很重要，它能让我们活下来，能让我们活得更好。但是，钱也能让我们失去很多。所以，我觉得，我宁愿选择清贫的生活，而不想失去另外的东西。”

她的眼里有坚定的光。

到底发生了什么，让她一开始就和我谈“钱”这个话题？

“哦，你能说得更具体一些吗？”

于是，一幅生活画卷在我面前慢慢展现，情节与大多数留守孩子的生活类似：

Z 父母都在西藏打工，Z 从 7 岁起就开始住校，节假日和爷爷奶奶一起生活，父母有时候会在过年时回来，有时过年也不回来。至于父母在西藏干什么，能挣多少钱，Z 是不知道的，只是，每次奶奶给生活费时都会絮絮叨叨地说：都是为了 Z，父母才到西藏去打工的，Z 要知道父母的辛苦，要好好读书……

刚开始，Z 还对父母在西藏打工心怀愧疚，努力读书，成绩也一直不错，想着也许自己成绩好的话，父母就会高兴，也许就会留下来，不再离开自己。可是，父母还是会照常离开。

后来，父母回家，Z 也不知道要跟他们说些什么，父母回家也就只是简单地问一下自己的成绩，然后就无话可说了。自己如果考得好，那还好些；如果不凑巧考得差一些，爸爸不会说什么，只默默地吸烟，妈妈就会反反复复地唠叨自己在外多不容易，受了哪些罪，吃了什么亏，就指望 Z 能够好好学习，将来考个好大学，找份好工作，不要像自己一样……

可是，从小住校，内心的孤独，对父母的思念，父母回家后的疏远而非想象中的亲密，对父母离开自己的怨恨，对父母不能理解自己和原谅自己偶尔失误的不满，对自己怨恨父母、不理解父母、不能原谅父母的自责，对自己的境遇的愤怒，对自己无力掌控自身命运的无奈与绝望……反反复复、许许多多、各种各样混杂的情绪，理不清还无处诉说。

寂寞的日子，Z只能通过阅读大量的书籍排解、消遣，通过阅读，Z开阔了视野，了解很多课本外的知识和世界，但是，对父母常年在外她仍然是不能接受：觉得自己已经这么努力了，也取得了在同龄人中不错的成绩，为什么父母还是只会问自己的成绩，还是只要没让他们满意，他们就会摆出一副苦大仇深的样子，像是他们的不如意都是自己造成的一样，凭什么？！作为父母，他们为什么就只会、也只能通过外出打工的方式来谋生，为什么他们就不能和自己谈谈心，听自己讲讲心事、说说烦恼？为什么一回家就找亲戚打牌、喝酒，没有更高级的娱乐方式……

"他们到底在西藏干什么，没人知道；到底挣多少钱，没人知道；为什么不能至少每年过年回家一次，没人知道；到底钱对他们来说有多重要，是不是只要有钱，就有一切，就什么都可以解决？"

到最后，Z几乎是在咆哮，双手蜷曲着摊向空中，像是要接受什么，又像是要拒绝接受，满脸泪痕，然后无助地趴在面前的小桌上，将脸埋在臂弯里失声痛哭，肩膀耸动，泣不成声。

随着中国经济的发展，大批农民离开土地，离开家人，外出务工，留下"386199部队"（38——妇女；61——儿童；99——老人）在固守家园，产生了很多家庭、社会、教育问题，出现大批留守儿童、留守妇女、留守老人。有些家庭为了避免出现婚姻问题，妇女也跟随丈夫一起外出，而整个家庭只留下未成年的孩子和上年纪的老人。在家的未成年人与祖辈之间的情感互动和与父母之间的互动模式存在差别，祖辈也常感对孙辈的教育力不从心，只要能够照管好衣食，能过问学业，多加叮嘱，就是很不错的代理家长了。

像Z这样的孩子，在农村地区的学校不是少数，而大多数在学业上会多多少少受到影响，像Z这样能够取得学业成功的并不占多数。

大多数的留守孩子，从小父母就不在身边，缺少亲子间建立情感联结的机会，当父母回家时，有的显得特别黏人，很快就和父母"熟络"起来，恨不得天天跟父母在一起，能像膏药一样贴在父母身上最好；有的显得“很有礼貌”，跟父母客客气气的，有问必答，没事不吭声，一个人待着；有的父母回来了就跟没回来一样，对他没什么影响，他照样该吃吃该睡睡，也不像父母希望的那样主动跟父母聊天，显得非常冷漠；有的反而显得很烦躁，不能跟父母“好好说话”，像吃了火药一样，说不到两句就“炸”，好像父母欠了他很多似的……各种表现，当然也不是每一种表现都显得很极端，这里就不一一枚举。

虽然在成年人看来，外出务工是情不得已，是为了家人能过上好日子的“最好选择”。但孩子在心中却不会这么简单地认同，孩子会给出千百种自己的解释。

比如，有的孩子可能认为，是自己的出生给家庭带来了负担，要是自己不出生，不上学，不考大学，父母就不会因为考虑自己将来要花很多钱而外出务工，就不会造成一家人不能团聚的现状——这往往跟家人如何解释“父母为何要外出务工”直接相关，大多数中国家长会解释为“都是为了你能有好生活”“为了你要读书”“为了将来给你买房子”……

又比如，有的孩子认为是自己成绩不好，父母不喜欢自己，父母不想要一个成绩不好、不听话的“坏孩子”，所以他们才宁愿到很远的地方，也不愿在家看到自己，免得“恶心”或者“伤心”。这跟父母或在家的“代理家长”如何解释“父母对孩子的期望”相关，比如，有的人会解释为“不想在家看到你那个倒霉样”“我在家就觉得糟心，还不如出去找点钱，要是你以后没出息，我还能自己养活自己”“你都能学好？算了吧！”……

还比如，有的孩子会认为：自己的父母没本事，不能挣到足够的钱养活家人，只能外出务工，很“low”。这样的父母也没“资格”要求自己“学习好”“听话”……这往往与家人相互之间如何评价彼此相关。

也许父母 / 代理家长的本意是为了“督促”孩子好好学习，用心理学上的解释就是引发孩子的“内疚”，利用孩子产生的“内疚”来迫使孩子约束自己的行为，使其成为父母希望的样子——好好学习，听话，乖……但这些行为背后也许仅仅是父母在塑造自己“完美父母”的形象或宣泄自己的不满情绪，或者仅仅是一时的“无心之语”。

但是，小孩子在心里可不会完全按照父母希望的样子去理解和接受。

心理学上有个著名的“恒河猴”实验：让新生的婴猴从出生第一天起就同母亲分离，以后的165天中同“两个母亲”在一起——铁丝编成的“猴妈妈”和布料做成的“猴妈妈”。“铁丝妈妈”的胸前挂着奶瓶，“布料妈妈”没有。虽然当婴猴同“铁丝妈妈”在一起时能喝到奶，但它们宁愿不喝奶，也愿同“布料妈妈”待在一起。因为“布料妈妈”柔软的身体能让它们感受到亲密的接触、抚慰与爱。

这个实验实际上证实了：让我们活下去、活得有滋有味的是“爱”，而不是我们通常认为的“富足的物质”。

从这个实验中，我们能够解释近期新闻上报道的“留守儿童自杀事件”——那些自杀的留守儿童，有些并不是我们想象的因为“贫寒”而自杀，可能仅仅是因为“没有爱”“没有关心”“不能感受到温暖”，同时也丧失了自身存在于世界上的“价值感”和“意义感”。

鉴于Z的情况，做过多的个体辅导，效果并不会很理想。于是，我将她转给团体辅导的老师，希望她通过参加同质团体辅导，获得更好的帮助。

所谓的“同质团体”，就是团体成员具备相同的性质或属性，比如：留守学生、离异家庭学生（又可分为：离异未再婚、离异组合家庭；离异组合家庭还可再分为：单姓子女、双姓子女和多姓子女等）、单亲家庭学生（又可分为：离异单亲、死亡单亲、服刑人员单亲等）、学业困难学生、人际关系困难学生、情绪管理困难学生、时间管理困难学生等。

在同质团体中，由于团体成员有相同或相似的处境与困难，比较容易产生“被理解”的感觉，也能够比较容易接受团体成员的建议和尝试用团体成员的方法去解决问题。同质团体还能够给学生很大的支持，使学生感到“至少自己不是唯一的不幸者”，有利于建立积极有效的社会支持系统。

后期，通过团辅老师的反馈和我们的督导活动，我了解到，Z在团体里获得了很大的支持，了解到自己的这种留守境况不是少数，自己经历的心理变化、对父母爱恨交织的情感非常正常，自己遇到的各种困难处境也并非仅仅是因为“留守”而产生的。通过团体的一次次主题活动，Z 找到了朋友，发现了与自己有相同境遇的人，获知一些别人在面对相似的困难时采取的各种各样的解决办法……

现在，Z 参加的团体辅导已经结束，但是 Z 和她的小伙伴们在团体辅导中获得的成长和友谊却长久地留存下来，成为有效的社会支持系统的一部分。Z 也可以和父母有比较通畅的交流，能够向父母表达自己的情感和需要，而不再像过去那样只能与书本交流，只能通过作文宣泄和抒发。

## 【给父母的建议】

处理好自己的问题，做“职业父母”。

也许对有些人而言，做父母并没有经过深思熟虑，都是“顺其自然”。正如同有些专家说的：“没有经过上岗培训，就匆匆上岗。不仅对孩子很不负责，也是在毁掉自己的人生！”

虽然人生的路不可能尽在掌控之中，但是有准备总好过完全“两眼一抹黑”。古语云，“凡事预则立，不预则废”，说的就是这个意思。

父母养育我们的经验和中华民族几千年传承的教育经验，都是很好的借鉴，但是，每个个体都是如此鲜活与不同，加之如今的社会生活充满各种诱惑与压力，同样的状况，每个人都可能会有不同的解读与对策，结果自然不同。也许在我们小时候“理所当然”或“情非得已”的事，在今天看来就是“不可原谅”，所以完全借鉴父母养育我们的经验，也有不灵的时候，甚至可能带来不良后果。

而作为“职业父母”，就是要求我们每一个希望成为父母的人像“职业经理人”一样，凡事从最有利于孩子成长的角度出发，而不仅仅是从父母自己的角度出发，或者仅仅从当下的现实层面去考虑。哪怕最后真的要做出“不得已”的选择，我们也要从孩子的角度去理解和思考，给予孩子足够的时间和空间去理解和接受，并且创造条件让孩子感受到来自父母最真切的“爱”和“祝福”。

所以，在我们调整好自己，找到自己的人生方向，找到适合自己的职业，找到合适的、可以共同经历养儿育女等诸多人生考验的伴侣之后，再考虑为人父母，是一种对子女、对自己、对父母、对家庭负责任的态度。

如果已经为人父母，那我们可以怎么做呢？

1. 让孩子感受到来自父母的关心与爱。

做父母的爱子女，不用质疑，但是，能不能让孩子感受到，那需要能力和技术。可以通过以下 5 种方式让孩子感受到来自父母的关心和爱。

（1）肯定的言辞。

（2）精心的时刻。

（3）服务的行动。

（4）身体的接触。

（5）礼物。

具体解释一下：

（1）肯定的言辞。

常年离家，不在孩子身边，孩子需要面对很多同龄人不会遇到的问题，他们能够去面对就是很了不起的。不管孩子在学业上、在人际关系上、在生活自理等方面表现如何，都应该得到父母的肯定，至少肯定他们的努力和对家人外出务工的支持。

另外，得到最亲密的人的肯定会带来莫大的幸福感和价值感。俗话说：良言一句三冬暖。

小学课本里有一篇课文，讲了一个心理学效应——“期待效应”，又叫“罗森塔尔效应”或者“皮革马利翁效应”。说的就是，如果我们身边的人对我们有某种期待，我们就很有可能成长为被期待的样子。

举个例子：如果父母的眼中，我们是努力的、上进的，哪怕我们能力不及，我们至少会去努力，因为我们不想让亲人失望；如果，父母老是对我们失望，不相信我们，那我们还有必要努力吗？反正努力了你也看不到。最大的可能就是

“破罐破摔”，放弃对自己的要求。

父母可以从以下几个方面肯定孩子：

努力、上进、善良、礼貌、自我管理（时间、情绪、人际等）……肯定孩子的行为，不要仅仅看结果。

（2）精心的时刻。

外出务工，与孩子相处的时间本就珍贵，如何让相处的时间成为美好的记忆，成为孩子内在的心理能量，支撑他去面对自己的困难和问题，就是一门学问。

比如：回家之后，和孩子一起完成一项工作，为家庭一起出力做一件可以看得见的实物，比如，孩子养兔子，就可以一起做个兔笼。或者和孩子一起去钓鱼，或者一起看一场电影。无论什么，只要是能让孩子和你心与心贴近的活动都可以。让孩子在与你一起的时光中感受到来自父母的关心和爱。

（3）服务的行动。

帮助孩子，给予他实际的支持，能在很大程度上增进亲子间的情感。比如给孩子做一顿饭，不一定要多么丰盛，但是，孩子能吃到常年不在身边的父母做的饭，会是很美好的记忆。再如给孩子亲手织件毛衣。虽然可能买的更实惠，更暖和，更漂亮，但那一针一线里饱含着父母的舐犊深情，孩子就算不穿，也能感受到父母的爱和关怀。无论怎样的服务行动，只要能让孩子感受到来自父母的关心和爱就可以。

不要觉得“我挣钱给你了，你自己拿去爱买什么就买什么，父母省心孩子高兴”。

亲自为孩子做事，为他提供服务，照顾他，孩子能最大限度地感受到父母对他的爱和关心。类似富二代大把花着父母挣的钱却说父母不爱自己的现象，就很能说明问题。

（4）身体的接触。

中国人往往比较害羞，不愿意接触彼此的身体。可是我们的皮肤也是需要爱和拥抱的。运动员上场前教练往往会给他一个有力的拥抱，为的就是给他支持和鼓励。亲人间的身体接触，搂搂抱抱都能带来愉悦的感受。

不要觉得孩子一天天大了，就不愿意和父母亲近了。无论何时，人都是需要身体接触的。连动物都会通过身体的接触来示好，更何况人。当然，要根据孩子的性格和年龄，选择接触的身体部位。小孩子就来“熊抱”“举高高”。大些了，羞涩了，异性父母就可以根据孩子的性格，摸摸头、拍拍肩、搂搂肩、亲亲额头，上街拉拉手、挽挽胳膊，都可以。如果孩子不愿意，就不要强迫，避免适得其反。

（5）礼物。

现在送个礼物似乎不是大事，可送对礼物却是很有讲究的。

礼物不在于价钱贵贱，而在于心意。

孩子盼望已久的礼物、父母工作地的特色物件、能让孩子睹物思人的物件、能给孩子带来鼓励和支持的物件……都是不错的礼物。

能够让孩子在父母不在身边的日子里，看到就觉得父母无论身在何处，心里都有自己，都在关心着自己，都在关注着自己的小小物件，也许并不昂贵，但是会有力量，陪伴孩子成长。

2. 相信孩子。

不在孩子身边，究竟孩子每天的生活、学习是怎样的，我们不得而知，免不了很多的忧虑。要是孩子学业不尽如人意，再出点什么打架、考试作弊、早恋之类的事儿，父母的心会是怎样的煎熬，可以想象。因此，做父母的常常会唠叨，而且由于学历、阅历、性格等原因的限制，可能还“唠叨”得很没水平，就是那么两三句翻来覆去地说，或者都是些空洞的“大道理”，无论谁都会听厌烦的。

孩子没有成人的阅历，你说的肺腑之言在他看来可能很无趣、啰唆得很。而且，我们往往会觉得“别人家的孩子”最省心，孩子们何尝不是觉得“别人家的父母最贴心”呢——“不啰唆、和蔼、大方、不只是会要求学习成绩……”

要相信，每个人内在都有向上的力量，都希望自己活得有价值有意义，受人尊重，得到大家的喜爱。民间有句话叫“响鼓不用重锤”，那是因为，打鼓的人很爱惜他的鼓，不会随便大力地乱捶。那些不响的“破鼓”还不是被人给捶破的？

“孩子是从父母的眼中看到自己的”，父母言语中对孩子的评价，孩子会将其内化，认为“我就是那样的人”。比如，被父母赞扬过“有数学头脑”，孩子就会觉得自己是擅长数学的，对自己学习数学就会有信心，就会在遇到困难时想方设法去解决，数学成绩就不会差到哪里去。而如果父母说：“我们家数学都不好。”孩子就会觉得，自己学不好数学是合情合理的，因为“没有这个基因，我再怎么努力也不会有什么作用的”，就会放弃努力，数学成绩不好也是必然的结果，这正好印证了父母的那句“我们家数学都不好”。

所以，无论何时，都要相信孩子，鼓励孩子，永远不要放弃对孩子的希望和信心。

3. 有话好好说。

一个意思，不同的表达效果会大大的不同。

比如男孩对女孩说“做我女朋友吧！”和“让我做你的男朋友吧！”最终目的都是一样的，但是在女孩看来却是完全不同的意思，对男孩的观感也会不同。

“做我女朋友吧！”就是很“霸道总裁”，很自以为是，会让人反感。

“让我做你的男朋友吧！”却是很小心地询问女孩，将女孩放在一个被尊重的位置上，女孩就会感觉很好。

所以，做父母的，表达对孩子的关心和爱，可以“有话好好说”。多用正面的、肯定的话语，少用负面、否定的表达。

比如：孩子偷钱了。父母肯定又急又气、又羞又愧，肯定没好气。这个时候，诅咒、谩骂、咆哮是没有任何作用的，就是在狠命地捶打自己的“鼓”，只会增加孩子的防御，“关上耳朵”听不进父母的任何教诲。因为任何人在受到“攻击”时，首先就会防御，为自己寻找各种理由，解释自己行为的合理性和不得已，以减轻自己内心的负罪感和可能遭受的惩罚。

这时不妨好好想想“孩子为什么偷钱？是零花钱不够用吗？是他不知道合理规划钱财的使用出现短缺吗？是迫于压力吗？是为了要跟别人攀比吗？是为了通过犯错引起父母的关注吗？……”每一种不同的假设背后都会有不同的对策。最好的方法是直接问孩子：“×××，我知道你没有经过允许，私自拿了别人的钱。（陈述事实）我很想知道发生了什么？（询问缘由）爸爸妈妈知道这件事后很担心也很难过，（表达关心和个人感受）我们可以一起来想想办法解决这件事（表明态度——父母是愿意帮助你，愿意站在你身后和你一起面对困难和问题的）。”

**【给孩子的建议】**

面对自己的生活，承担属于自己的责任。

出生是我们无法选择的事情之一。来自怎样的家庭——就像上帝发到我们手中的一副牌，有的是一手好牌，有的就是一手烂牌——这件事情同样没办法改变。但是，我们可以选择的是怎样打好手里的牌。有的人可以将手里的一副烂牌打得很精彩，最后赢得比赛，赢得人生；有的人却白白浪费了上帝的眷顾，空有一手好牌，最终却打成了输家。

所以，有句话说得好：世界上只有三件事——上帝的事、别人的事、自己的事。上帝的事和别人的事，我们都没有责任和能力管，只要管好自己的事就成了。属于自己能力之外的事，有心无力也枉然，不如集中精力，做好自己能力范围内的事。

比如：既然在家留守是我们无法改变的事，那就好好学习，不给在外务工的父母添烦恼，不给在家照顾自己的家人找麻烦。我们还可以做得更好，比如经常跟父母联系，表达自己对他们的思念，讲讲自己的心事和烦恼，说说自己的愿望。我们也可以在学校多交朋友，从友谊中获得情感的支持；还可以多读课外书籍，从名人传记中汲取伟人的精神力量，从广阔的知识海洋中获得乐趣、满足好奇等。

总之，使自己的生活内容丰富起来，使自己的业余时间充实起来，好好规划自己的人生。不妨试想一下：如果我们不希望自己的孩子将来也是留守儿童，我们现在可以做些什么。我们还可以设想一下，希望自己未来过上怎样的生活，而这样的生活需要我们现在就开始做哪些准备。如果自己不知道，可以问问身边的人，问问老师，上网检索一下答案。

# 第二节

## 我恨她，我诅咒她——暴戾的母爱

T 个子高高的，在同龄女生中算是比较高的，一双眼睛常常透露出好奇心和警觉。她是为高考填志愿来找我的，因为我给他们上过一堂“生涯规划”的课程。

进门，她手里拿着一张表和一支笔，怀里还有一摞资料……

这阵势……

“你想读什么专业呢？”我翻看了一下她带来的资料，各种层次的、各种类型的学校都有。

她把手中的那张表递过来，上面画着一张表格，是各个大学的名字、近三年录取分数和专业——“心理学”。

“你想读心理学？”我抬头看着她，“为什么？”

她目光炽热地望着我，闪着光。

“我要学心理学，我想了解人，我想知道人们心里是怎么想的。”

“有什么人是你特别想了解的吗？”我望着她。

她的眼神黯淡了一下，又特别地亮了起来。

“嗯！有！”

她停了一下，似乎在作思想斗争，然后好像下定决心似的，说：“老师，其实，我想学习心理学，是想看看人能变态到什么程度，能够不正常到什么程度，能够疯到什么程度，能够自私到什么程度，能够恶毒到什么程度……”

我不由得将视线转到她的脸上。

她的生活中发生了什么，让她有这连珠炮式的问话，这个“她想了解的人”，她口中“变态”的、“自私”的、“恶毒”的人是她什么人，对她产生着怎样的影响，以至于影响到她的生涯规划、专业选择？

接下来，我们的谈话由专业选择转到了她的个人生活，因为选择什么专业需要考虑的因素很多，而什么样的专业最适合自己，除了个人主观感受，很重要的还涉及“人职匹配”，只有搞清楚她如此强烈的动机源于何处，也许才能真正帮助她选到适合她的专业。

原来，T 口中的“神经病”就是她的妈妈。

T 说，妈妈从 T 小时候就对她有非常严格的要求。

“我妈从我小时候就对我要求非常严格，每次都必须考第一，否则就是往死里打。你信吗，有次考了全年级第二，她当众把我的鼻血都打出来了。”

听到这，我心里一惊，还有这样的母亲？

“你能说具体些吗？”

T 看着我，犹豫了一下，开口说：“那是我上小学的时候，放暑假前我到校去拿成绩单。拿到成绩单，我看到上面的排名是班级第一，年级第二，就觉得世界末日来了，怕得要死，都没有力气走路了。”

T 拿起桌上的杯子喝了口水，定了一下神，接着说：“没办法，我还是只能到她单位去，说好的，拿到成绩单就去她单位吃午饭。我还没到门口，她就看到我了，很大声地问：‘考得如何？’我很轻地说：‘没考好。’她马上就拉下脸，气势汹汹地走过来，从我手中夺过成绩单，很快地瞟了一眼，反手就给我一耳光，我觉得脸上一热，低头捂脸，她就劈头盖脸地打我，我只能用手捂头。旁边她同科室的阿姨连忙拉她，都没拉开。她一边打一边骂，直到我的鼻血流了一脸，滴到地上，那个阿姨大声地喊：‘别打了！鼻血都打出来了！娃娃很不错了，考了全年级第二，你还这样打，那些考得不好的，还不要给打死……’她才喘着气，一边指着我骂，一边把手里的成绩单抖得‘哗哗’响……”

T 说的时候没有一点情绪，像是在描述书上看到的情节，说完，看了我一眼，喝一口杯中的水，甚至脸上还带着笑容。

这表情很不符合她此刻的情绪状态呀！

“她还经常在外边炫耀她教育得法。她经常当着我的面说：‘我经常把她打得像菜花蛇一样，青一杠紫一杠。她经常在穿衣镜前脱光了数身上的伤。’你说，这是不是神经病？根本不顾我的感受，根本不管我当时多尴尬，让我觉得自己很可耻，恨不得找个地缝钻进去。”

说到这儿，T 才有些情绪激动，但很快她又克制住自己的情绪，喝着杯中的水。

“她还经常说，要不是因为我，她早就和我爸离婚了。外边有很多人对她好，多的是有钱有势的，哪一个都比我爸强。所以，我必须好好学习，必须成绩好，否则，根本对不起她。这是一个当妈的应该说的话吗？好像她所有的不幸都是我造成的，我天生就是她的包袱，我必须对她的一生负责，否则，我就不配为人，我就该死。”

T 流着泪。

我，无言以对。

“所以我恨她，我诅咒她。我希望她去死。可是我又觉得，做子女的不能这样想。于是我就想，要是她出车祸就好了，这样她也死了，我也解脱了，也不是我的原因造成的。

“现在，我就想，我要学心理学，我要看看，她到底是不是神经病，是不是变态，是不是自私？你不知道，只要她高兴，那是欢天喜地，什么都好说；只要她不高兴，那是阴云密布，一家人都别想有好日子过。她必须要骂人，出了这口气才行。她得罪你，那有什么大不了？你得罪她，你就别想活，她不理你，冷战，非得你跟她承认错误，她还不原谅你，简直要把人逼疯了……

“她常常喊我陪她逛街，许诺给我买东西。可是，到了地方，要买东西了，她又会挑三拣四，说各种不好，总之，就是不想给我买。就是骗我陪她上街。真是要把人给气死。

“好像从小到大，我就没有做对过一件事，就没有一件事让她高兴过。她从来不准我自己买东西，说我没眼光，乱花钱。有一次，我过生日，爸爸给我钱，我自己上街买了一条牛仔裤，被她一直骂到今天，说我买的裤子质量不好、样式难看，说我没有眼光、是个傻瓜，只能给人骗……

“她常常诅咒我，说：‘你咋不死啊？！你两拌两拌死（注：非常痛苦地挣扎死去）在那儿都没有人会管你！’”T 泪流满面，“外人都不可能这样说，她却可以。那时候，我真希望自己去死。活着没意义！”

在 T 的讲述中，T 母成为一个“自私”“冷酷”“以自我为中心”的，令人极度恐惧和憎恨的人。

这是一个不同寻常的个案，母女间的情感如此强烈，强烈到彼此要“杀死”对方，同时，这又是一个典型的个案，因为母女间的爱恨纠葛是人类历史中非常常见的一种。

综合 T 提供的各种信息，拼出的故事大概是这样的：

T 母是私生女，从小在孤儿院长大，在她成长的过程中，承受了很多不幸和伤害。T 母长大后，学习成绩也不好，没能通过接受教育改变自己的命运；在谈婚论嫁时，因为自己是私生女的缘故，也不敢奢求“爱情”，没能力也不敢挑选结婚对象，找个人草草嫁了。老公的家人并不接受自己，认为自己“没家教”“品行差”……

女儿 T 的出生没有使生活变好，反而更加限制了 T 母的选择，因为 T 母考虑到自己从小没有完整的家庭，备受欺凌，因此，自己再怎么难，也不能离婚。

T 母觉得自己为女儿付出了很多、牺牲了很多，也希望女儿能有出息、能够通过自己的努力改变命运，过上幸福、自主的生活，不靠婚姻、不靠他人，能够活得像个“人”。

所以，T 母对 T 有很高的要求，要求她学习好，不落人后，要求她勤俭节约、不乱花钱，培养她的审美能力，帮她节约时间（管理她除学习以外的一切生活琐事）……

看着女儿一天天长大，T 母既高兴又担心，高兴的是 T 学习成绩很好，将来考个好大学、选个好专业应该没问题，自己长久以来的努力有了结果，担心的是女儿越来越“不听话”、越来越“难管”、越来越“没良心”“不领情”……觉得自己所有的付出和努力将来有一天都会付诸流水，担心自己不仅没有婚姻的幸福，将来连晚年也会不幸，因为女儿也会“背叛”自己，好像自己注定就是个“天煞孤星”——幼年没有父母之爱、成年没有伴侣之爱、老年没有儿女之爱……

因此，T 母对 T 有更多的抱怨和指责，希望通过这样的方式让 T 明白自己的牺牲和付出，希望借此能够唤回 T 对自己的“爱”“忠诚”“孝顺”……

而事实却是，T 母的抱怨、指责将 T 推得更远……

T 和 T 母之间的爱恨情仇，没有二十年也有十九年了。这种情感的纠葛是从

T 的孕育就开始，甚至在 T 母对婚姻、对生儿育女怀着美好的想象之时就开始了。

其实，家庭生活原本充满各种矛盾冲突，其间的情感远非我们想象和希望的那样“母慈子孝”“夫妇和顺”，也不是童话故事那样，“从此两个人幸福地生活在一起，直到永远……”

任何人与人的关系中总是存在着各种各样的矛盾、冲突、纷争，有的源自观念、有的源自利益。

家庭也是这样一种存在。

家庭中，每个人都是不同的，无论是来自不同家庭的、组成新家庭的成年人，比如夫妇，还是由家庭而诞生的子女，观念、利益不同就成为很正常的事。而且作为独立的个体，每个人都希望得到尊重。任何否认我们是有自己独立意志的个体的言行，都会遭到反对。

我们对家庭的期许是：家庭是温馨的港湾、是避风港、是疗伤处；我们在外面的社会上得不到的“爱”“接纳”“理解”“支持”“包容”“尊重”等一切美好的情感，在家庭中、在家人那里就应该“理所当然”地享有。

而我们经常感受到的却是，外人不会说出的“狠话”“伤人的话”，往往是从家人口中说出的；外人对我们可能还有一丝“安慰”之时，家人却可能刚好“伤口上撒盐”“心口上捅刀子”……

为什么会这样？

原因可能是我们对“家人”（无论是真实的个体还是作为概念）期许太高，没有看到家庭关系其实也是一种人际关系，其间存在各种原因造成的差异。而我们不能允许“差异”的存在，我们希望家人之间永远是“亲密无间”的一个整体，大家心往一处想、劲往一处使，永远没有“距离”、永远是“共生”状态。

这就跟现实之间产生了矛盾。

家人之间同样会存在“差异”“矛盾”“冲突”，这是正常的，甚至是必然的。

因此，当问题出现时，我们不是去思考，去修正我们不符合客观现实的观念和希望，而是去“修理”我们的家人，认为“只要你改变了，问题就解决了，我们大家都‘幸福’了”。

其实，真正能解决问题的方法是：承认家人之间有可能会存在“差异”“矛盾”“冲突”，并且，允许这些问题存在，给彼此留出时间和空间。

T 现在对母亲的反感不仅仅是意识上的，也是情感上的，仅仅从理智上让她了解问题所在，不能真正解决问题。而且，仅仅从 T 这一方入手，问题仍然得不到解决——T 即便调整了自己的观念，改善自己的行为，回到家庭中，T 母不改变，环境、氛围仍在，T 受到的煎熬还是每时每刻都在折磨她。

因此，邀请 T 母进入到工作之中，从改善母女间的情感互动入手，改善整个家庭的氛围，也许才能真正解决问题，帮助到 T。

因此，我邀请 T 母到学校，进入我们的家庭辅导，同时，请别的老师分别对 T 和 T 母进行个别辅导。也就是在对 T 进行家庭辅导的同时，给 T 和她的妈妈分别做个体辅导，双管齐下。

通过一段时间的辅导，T 和 T 母的关系有了一定的改善。

## 【给家长的建议】

1. 无怨无悔地付出。

父母对子女的付出，既伟大又自私。

说“伟大”，是因为做父母的真心为子女的长远计，殚精竭虑，方方面面，都考虑得很周到，甚至可以为了子女而付出自己的时间、精力、金钱，牺牲自己的事业和情感；说“自私”，是因为做父母的付出是有条件的，那就是“我都为你做了这么多，还不是一切为了你，所以，你按我说的做”，如若不然，那对不起，我就要收回我付出的，不再支持，要抱怨、要指责。

真正能够做到“无怨无悔”，那是需要澄清父母与子女的关系：子女不是父母的私有财产，子女是有独立人格的人。

子女未成年，父母有引导、教化的职责，告诉孩子社会对一个“人”的要求，并对子女承担相应的责任，包括承担孩子试错的后果。

2. 给时间和空间，让孩子成长。

“十年树木，百年树人”，塑造一个生命是需要时间和空间的，没有足够的时间，成不了；没有足够的空间，长不大。孩子的成长是同样的道理，告知、劝诫之后，他可能仍要一意孤行，那就让现实、社会、规律去教育他。吃过亏、受过苦，孩子才能明白父母分享的经验是难得的财富，才能从失败中“学乖”。

**【给孩子的建议】**

1. 相信父母。

“大概天底下没有主观意愿上想害自己儿女的父母。”

基于这样一个假设，我们可以相信，无论父母的主张、意见、建议、言语多么不合时宜，不符合自己的情况，对自己而言多么难以入耳、入心，甚至伤害自己的情感，我们都可以相信至少他们对我们的情感是真挚的。

况且，古人云“三人行必有我师，择其善者而从之，其不善者而改之”。如果父母说的对，那就改正自己的言行；父母说的不对，或有待考证，那就暂且搁置。如果父母逼迫“现在”“立刻”照他们说的做，那就跟他们说：“我知道，您是为我好，可是我暂时还缓不过来，您给我一点时间，让我好好想想。您要相信我，您这般明智，您的孩子也不会蠢到哪里去。”

2. 倾听父母。

也许父母有些老土，有些“low”，但是，父母作为过来人，总有些经验是值得学习和借鉴的。

也许有时候，父母并不是非要我们按照他们的设定来，只是看我们有时候缺乏经验、年轻冲动，他们替我们着急，希望我们少走弯路，少吃亏。他们只是想分享经验。

借他们一双耳朵，耐心听听他们说什么。也许，我们听了，压力就缓解了，他们就能允许我们走自己的路了。

# 第三节

## 我会不会也是“神经病”——打不开心结的孩子

信箱里收到一封没有署名的来信，展开信纸，上面写着：

“老师，您好！我爸爸是个残疾人，我妈妈是个精神病人，我很担心，我会不会有一天也像妈妈一样‘发疯’。”

把信纸翻过来，背面没有字，末尾没有署名。

这是谁写的？没有署名，没有联系方式，让我怎么帮助到他？

再仔仔细细地看一遍，发现这是一张从作业本上撕下来的纸，而不是专门的信签纸。字写得很工整，应该是用字帖练习过的字。字有晕开，纸上有明显的圆形水渍，可能是他滴下的泪水。加上他在信中提到的“父亲有残疾，母亲有精神疾病”，那么他的家庭条件大概不会很好。

再看信的内容，短短几行字，孩子的恐惧和担忧跃然纸上。

可是，没有署名，没有联系方式，我怎么找到他？

过了几天，辅导室开放时间，学生们可以到辅导室使用设备进行放松或者资讯查询。我坐在一角，看着书。一个男孩怯生生地走进来，他首先是张望，确认有老师在，然后，故意左右张望，四处走走看看，好像是在观察各种设备是怎么使用的，同学们的使用体验又是如何，眼睛却不停地朝我这里瞟。

“大概是个想辅导的孩子。”我心里想着，又翻了一页书，顺势抬眼，正好与他眼神交接。他马上回避，转了个方向，走开了。

“大概还没准备好。等他准备好了，会再来的。这样的孩子，也是有的。”

又是一封信，躺在信箱里。

“老师，你看起来人很好。我可以来找你吗？”

同样的作业本撕下来的一页，同样的字体，同样没有署名和联系方式。

“唉！”我苦笑一下，将信归入专门为他开的“未署名”档案夹。

只能等他再来。只有等他试探完，我取得了他的信任，他才会真正进入辅导。

等着吧。

经过这样反反复复的“单向联系”，终于有一天，他坐到了我的沙发上。

来访的孩子叫 A，爸爸是一位肢体残疾的农民，因为有残疾，没有劳动能力，经济条件很差，主要靠“五保”生活，50 多岁了都没能娶上媳妇。

有一天，A 爸爸去赶场，在街上“捡”了一个女“神经病”回家。

后来，A 就出生了。

眼前的 A 长得瘦瘦小小的，他说他是高中生，可是看起来，真的像初中时期还没发育的小男生。一副非常普通的相貌，是那种你见过一次，下次再见都会想不起来的“普通人”。唯一特别的是，眼神里有一种夹杂着羞怯的谨慎和倔强。

从记事起，A 就常常感觉到自己与周围的人不同，自己的家也和周围的人家不同。

爸爸不像别人家的爸爸那么年轻，看起来要老得多，脸上皱纹很多，行动不便，拄着一副自己做的拐，走起路来屁股一撅一撅的；妈妈经常蓬头垢面，衣衫褴褛，也不做事，常常傻傻地笑；家里什么像样的家具都没有，看起来非常简陋；自己从没有穿过好衣服，穿的衣服不是邻居送的就是慰问物资；经常有一些人会在村主任、书记带领下到家里来，东问问西看看，然后留下一些东西或者钱，拍一些照片，就走了；有时候还会有一些和他差不多大的孩子带一些学习用具或者玩具送给他……

慢慢长大的过程中，A 逐渐明白，自己的爸爸是个肢体残障人士，妈妈是个“精神病人”，妈妈究竟是什么病，不知道；怎么得的病，不知道；会不会遗传，不知道，也没钱去诊断和治疗。

好像爸爸是个孤儿，没有亲人，妈妈是爸爸赶场时“捡”回来的，有没有亲人，不知道，反正至今也没有人来找过她。

而自己，就是在这样一个家庭里出生的孩子。

自己“可怜”吗？无数次，A 问自己。

有时候，A 觉得自己很可怜。

为什么没有年轻、健康的父母？

为什么不能像别人那样有还不错的家境，有一些亲戚和朋友？

有时候，当A看到父亲虽然残疾但是很爱自己，尽他最大的努力为自己争取更好的物质生活；虽然妈妈是个精神病人，时不时地“发疯”，到处乱跑，害得自己和爸爸到处找，爸爸拄着拐行动不便，可是也没有怨言和嫌弃。每次把妈妈找回来，爸爸总是查看妈妈有没有受伤，然后帮妈妈梳洗干净，换上干净的衣服，再去洗妈妈换下的脏衣服。A又会感受到某些难以言表的情绪，有辛酸，好像又夹杂着某种幸福。

虽然，爸爸从没跟自己说过他担心自己可能会遗传妈妈的疾病，但是，自己确实有时候会担心。加上家里条件不好，从小就长得非常瘦弱，虽然学校为自己争取了社会资助，也减免了生活费、住宿费，在学校吃得也不错，但是自己还是没有长高长壮。

关于妈妈是什么病，他自己也找过书来看，但是，没有答案。由于家里经济条件不好，不能够送妈妈去诊断，更别提治疗了。所幸，妈妈没有暴力倾向，不伤人，只是“发病”时会到处乱跑，有时候，可能会不知道什么原因受伤。

上了高中，住校，回家的机会少了，不知道爸爸妈妈在家情况怎么样，有时候会担心他们。可是，爸爸是不会让自己担心的，他从不会跟自己诉苦和抱怨。自己小时候，有时在外面受了气，回家向他哭诉、抱怨，他也只是默默地听完，然后安慰自己。

慢慢地他也就不再抱怨，因为不想给爸爸添烦恼，而且自己也从他身上学到了坚强，学会了要自己去面对和解决自己的问题。

虽然，他常常会担心自己精神上有问题，但是他自己从来没有放弃过努力，学习成绩一直还是不错的。对此他自己也经常想：要是我遗传了妈妈的精神问题，大概学习会受到影响吧。既然自己的学习还行，那是不是说，自己没有遗传妈妈的精神问题，或者，妈妈的精神问题是不会遗传的？

可是，有时候他又会想，要是自己考上大学，又该怎么办呢？家里有没有办法供自己读大学？大学体检时，会不会查出自己有精神问题……

最近上网查了一下，了解了一下高考相关政策，他开始各种担心，老是会被这些问题弄得很难心情平静，以致影响了正常的听课学习。

望着眼前的A，真心心疼他，小小年纪、瘦弱的身体，承受着这么多的压力和生活的磨砺。

根据我国的相关法律，A妈妈这种情况的精神病人由于没有确诊和获得治疗，病情没有痊愈的情况下是不能结婚生育的。但是，由于非常现实的情况，在中国广大农村，甚至一些小县城，像A爸爸这样的情况，在民间往往就找一个“精神病人”或另外一个残疾人结婚生育。

就目前掌握的情况看，A暂时没有“精神病”的症状，或许是值得庆幸的。但是，更多更常见的情况是，像A这样的孩子会有相对更大的概率遗传“精神疾病”以及发病，给原本就非常拮据的家庭造成更大的经济困难。

就算没有遗传，像A这样的孩子也会一直笼罩在“精神疾病”的阴影里，在他读书、升学、就业、婚恋时都会带来潜在的危机和压力。

A现在主要有以下几点困扰：

1. 由于妈妈的“精神疾病”以及爸爸的残疾带来的家庭经济状况拮据；

2. 由于自己的父母没有结婚证，自己出生的“合法性”受到质疑，而产生的“存在价值”危机感；

3. 由于家人有“精神病”而带来的“羞耻感”；

4. 面对未来的更多的不确定性，比如：自己是否遗传了“精神病”；会不会影响自己升学、就业、婚恋；会不会遗传给自己的下一代……

所有这些都给A以及像A这样的孩子造成很大的困扰和压力。

由于A是最近查询、了解了一些信息，而相关资讯掌握不够充分，一知半解造成了紧张、焦虑，带来了困扰，所以我大概从以下几个方面着手开展工作。

第一，我跟A澄清几个概念：“精神病”“神经病”“心理问题”“心理疾病”“疯子”。通过澄清每个概念的内涵、外延以及现实中我们对它们的理解和使用，降低了由于无知或者误解而造成的“恐惧”“焦虑”等困扰。

第二，由于我们是普通高中，是教学单位，没有能力进行精神疾病的诊断和治疗，所以我建议 A 到相关医疗机构进行诊断，并给他提供了一些信息。

第三，运用心理辅导的相关技术，给 A 提供心理辅导，降低他的焦虑，缓解他的紧张状况。

第四，运用积极心理学的理念和技术，帮助 A 看到他拥有的现实的优势和资源，增强他的自信，提升他的效能感，帮助他有勇气面对自己的生活。

第五，作为学校教师，我知道一些学校的政策和资源，于是我将这些信息提供给 A，并告诉他，可以通过联系学校的相关部门，提出申请，由学校的相关部门出面接洽一些社会资源，获得现实的帮助和支持。（这项不仅能够帮助 A 获得现实的支持和帮助，还能提升 A 的效能感，增强 A 的自信，并有效地建立起 A 对学校、对社会的信任，帮助 A 更好地融入社会。）

通过一段时间的辅导，A 的焦虑、紧张得到很大程度缓解，已经能够比较正常地听课学习了。

## 【给家长的建议】

作为家长，要从“言”“行”等各方面给孩子做出榜样和示范，不仅通过自己的“言”“行”等各种努力确确实实地改善生活，还要以良好的“言”“行”塑造和影响孩子的世界观、人生观、价值观，培养孩子坚毅、顽强的意志，分析问题、解决问题的能力，提高孩子的适应能力和生存能力。

1. 做家人的顶梁柱。

既然能组建家庭，我就有能力照顾家人。哪怕一粥一饭，我也有能力为家人去创造和争取。即便遇到再大的困难，我作为家人的顶梁柱，也永远不会轻易放弃和退缩。

2. 积极了解相关政策。

国家的惠民政策和信息要积极了解，为家人争取政策待遇。

3. 搞好邻里关系。

远亲不如近邻，平时做个积极主动的人，自家有事儿需要帮忙，邻里也会积极响应。

4. 教孩子热爱生活。

“假如生活欺骗了你，不要悲伤，不要心急！忧郁的日子里需要镇静：相信吧，快乐的日子将会来临。”

5. 激励孩子用双手去改变生活。

“牛人不是生来享福、一生平安，而是能靠自己创造出一片天地。”

6. 遇到问题，和孩子一起解决。

实践是最好的学习。遇到问题，跟孩子一起思考、分析、解决，既能合众人之力和智慧，又能通过实践培养、提高孩子的解决问题的能力，还能培养孩子的责任感。

## 【给孩子的建议】

1. 我命由我不由天。

既然上天给了我出生的机会，我就可以创造出属于自己的世界。无论前路如何，我都可以风雨无阻，走到自己的心所向往的彼岸。

2. 父母扶我上马，我就驾马前行。

父母给了我生命，就是给我最好的礼物，使我有机会到这个世界上来见识一番。至于有没有作为，那就看我自己的努力程度。要知道，努力了就有可能，不努力，连机会都没有。

3. 积极参与到家庭事务之中。

家是自己的，我有责任积极建设；家人是我的，我有责任照顾帮助。只有每个家庭成员都心往一处想、劲儿往一处使，我们的家才会更加兴旺。

4. 做个态度积极的人。

“我们不能左右天气，但可以改变心情；我们不能改变容貌，但可以展现笑容；我们不能控制他人，但可以掌握自己；我们不能预知明天，但可以利用今天；我们不能样样胜利，但可以事事尽力；我们不能日日平安，但可以时时欢喜。”

5. 健康自信，是对父母最好的报答。

无论父母是怎样的状况，他们都是怀着对我们无比真挚的爱，给予我们最好的。我们能给父母的就是健康自信，乐观勇敢地面对生活。

6. 学习各种生活技能，照顾自己，照顾家人。

无论是寻求帮助，还是日常生活，掌握更多的知识、技能，拥有灵活的处事技巧，积极交友，与人为善，建立良好的人际关系，是我们行走世间的有力保障，也会使我们更有能力照顾自己、照顾家人。

也许，我们的出生就决定了我们站在不同的起跑线上，但是，谁说人生只有一个方向、只有一种成功。

真正伟大的人是扼住命运咽喉、绝不向命运低头的人。

# 第四节

## 我只是来拿毕业证的——无法自主的青春

—

W是一所普通高级中学的学生，他原本应该在省城就读，可是因为中考成绩够不上省城高中的录取分数线，于是被父亲弄到县城一所普高就读。父亲说：不可能连高中都不读吧！等他高中毕业，就送到外国去留学。然后回国接爸爸的班——继承父亲的公司。

W是朋友介绍过来的，说是受W爸爸之托。

W来时，穿着一身名牌，却不显得招摇，很适合他的年龄和身份，个子高高的，五官端正，但是眉宇间却有着一种难以描述的气质，既有成熟沉稳，又带着少年的稚嫩倔强……

W看上去很是疲惫，一来就“北京瘫”地仰在我的沙发上，头枕着沙发头枕，把一个抱枕抱在胸前，左右不断调整，好像都不舒服，又把抱枕垫在腰后，反复调整了几次，直到感觉舒服后，再舒服地“瘫着”。然后，眼睛开始左右扫视，观察我的辅导室。随着他的目光带动，他的头也转动着，额上的头发也左右前后地搭过去搭过来，但是一直保持很好的形状，可以看出来，经过了很好的护理。睫毛在某些角度看起来很长，似乎每根睫毛都闪着光。唇形线条很好，有点俏皮……大概这样的男孩在校园里是很受女生喜欢的类型，加上他的家世，追求者一定不少吧。

这样要钱有钱，要貌有貌，没有学业压力，似乎人生一帆风顺的孩子，为什么会出现在我的辅导室里呢？

“你好！我是谭宝屏，心理老师。”

他似乎也观察完了，眼神回过来，认真地望着我。过了一会儿，才开口说：“我的情况你都知道了吧。我知道，我爸希望你能让我积极上进。你也别费那神，我就是来拿个毕业证的。只要能顺利毕业，我就出国留学，然后继承我爸的公司。所以……”他做出一副“you know！”的表情。

“听起来，似乎你很清楚你爸爸对你的期望。”我确认他的意思，然后接着说，

“那么你自己呢？”

他愣了一下，眼中快速掠过惊讶和思考，然后一副“你什么意思”的表情。

“我是想了解，你自己又是怎么看待整件事的呢？”

他又将头仰靠在沙发头枕上，静静地，似乎在思考……过了很久，他才开口：“我怎么想有用吗？反正都已经设计好了，也是最好的捷径。没有比这更好的了。”说着，他将头歪过来，看着我——“不是吗？”

眼前的W明显没有接受辅导的动机，更谈不上有明确的辅导目标，给他做辅导，怎么会有效果？

那么，心理老师要做的就是帮助他澄清自己是否可以通过心理辅导得到帮助。

“我怎么想有用吗？反正都已经设计好了，也是最好的捷径。没有比这更好的了。”我重复他的话，“听起来，你好像对此有抵触，但似乎又无可奈何？”然后，澄清他的真实想法和感受。

他听了我的话，眼里一亮，旋即又黯淡下来，嘴角一勾，无言地笑了一下，又把头枕在沙发上，长长地出了一口气……

他起身离开时，说了一句：“老师，你的沙发真舒服。”

随着接触时间的增加，我对他的了解也逐渐增加：

W爸爸是公司老总，拥有几家公司，全部亲戚齐上阵，在商场打拼几十年，日益觉得自己奋斗这么久，应该把公司传给儿子，把公司代代传下去，做成上百年的传奇企业，于是就想着把儿子培养成接班人。可是，儿子似乎并不上心，对什么都不在乎的样子，学习也总是不尽如人意，中考成绩都没上省城高中的录取分数线。W不是智商不行，也不是那种大众眼中炫富、恶劣的富二代，也没有不良的习性，就是整日“吊儿郎当的”，不思进取。大家都觉得只要W肯努力，到国外去读个商学院什么的，完全不是问题。W也不是那种不听话、叛逆的少年，父亲给他找的各种补习班，他都按时参加，成绩就是上不去，而且好像W是在有意控制自己的学习成绩，每次都是班级中等，不上不下，但是永远称不上“好”或者“优秀”，这更让W爸爸觉得儿子是有意为之。

凭商场几十年的阅历，W 爸爸知道，儿子这么大了，打骂没用，能说的道理也都说尽了，各路人马能上的都上了，统统没用，最后在朋友的建议下，觉得死马当成活马医，找找心理老师吧。考虑到儿子现在在县城读高中，每周返回省城就是补习，也没时间，就决定在县城找位老师……

听起来，W 是完全可以取得更优异的成绩，降低爸爸的焦虑，缓和自己的亲子关系，提升自己情感生活中的亲密度，增加愉悦感……

那么，W 为什么“不愿意”好好学习，提高学习成绩呢?

带着这样的好奇，我们的辅导继续着。

有一次辅导时，W 问我:“老师，你喜欢看电影吗？”

没等我回答，W 自顾自地继续说:“我最近看了一部电影，叫《这个男人来自地球》。你知道讲的是什么吗？”他一歪头，看着我，希望我回答。

我望着他:“你讲讲吧。”

W 开始讲述电影，可以看出，W 是一个很会讲故事的人。他将电影影像的叙事风格转换成评书式的故事风格，很引人入胜。我一边听他讲，一边思考:“他为什么会跟我讲这部电影呢？这部电影带给他的触动是什么呢？他希望通过讲述电影告诉我什么呢？”

他在讲述的过程中，从沙发上坐直身体，并且面向我微微前倾，一边讲，一边夹杂着各种手势和面部表情，使他的讲述更能吸引人。

“老师，你说，要是你是那个永生不死的人，你会怎么样？”

他问到这个话题，是想讨论什么?

我望着他，说:“要是，你，是那个永生不死的人，你会怎么样呢？”他似乎正等着我这么问，马上说:“那会多么有意思，我可以去经历各种各样不同的人生，见证各个重大历史事件，与许多有趣的人相遇……那一定会非常有意思!”说着，他两眼放光，似乎已经看到美好的未来展现在他的眼前。

他也不是对什么都不感兴趣的呀。那他到底对什么感兴趣呢?

“哦，听起来是挺有意思的。你能再具体说说吗？”我引导他更多地思考和阐述，通过表达，澄清自己内在的思想和情感。

W开始滔滔不绝，描述如果他可以永生不死，他将如何规划自己的生活：

在未来几百年，科技和医疗技术一定已经进步到非常高的水平，那时，他就可任意改变自己的容颜外貌，使自己以任意面貌出现，适应环境而不被周围的人怀疑。而且他会学习各种他想学习了解和需要了解的东西（比如：电脑科技——伪造证件、黑客技术——资讯查询，甚至篡改等），可以去过任何他想过的日子……因为他是不死的，他的知识经验可以永远保存，并且不断学习更新；他也可以和很多人相遇，与他们发生各种各样的故事……他只需要去好好体验就行了。

总之，这个少年将自己的未来构想得非常吸引人，而且他的思维也比较缜密，可能出纰漏之处，他都已经考虑得七七八八……似乎他对自己的未来充满好奇和向往，内心充盈着无限的生机和活力，完全不是那个对什么都不感兴趣，不愿意"好好"学习也不反抗的W。

那么到底其中发生了什么？是什么阻碍了他去学习、去探索？他的行为到底在表达什么？他又想通过自己的行为实现什么？

明明他是有好奇心，对学习也有兴趣的，也有能力取得更好的成绩，那他为什么现在不能好好学习，让周围的人更开心，使自己的人际关系更融洽呢？

我决定向他当面澄清。

"听起来，你似乎对很多事都感兴趣，也想去学习和了解。我好奇的是，你目前的学业，也是学习的一种，你自己也说过，这些内容对你而言，没有问题，你完全可以取得更好的成绩。看起来，你的言行中好像存在着一些矛盾之处。"

W明显愣了一下，好像从没有这样的思考和觉悟。他低着头，开始思索。

过了一会儿，他抬起头，看着我，说："我说的是我自己愿意的，而现在的生活，我是没得选，是被安排的。我能怎么办？只能像圣雄甘地一样——非暴力不合作了。"说着双手摊开，一脸无辜地看着我。

原来如此，W在乎的是"自主感"，他要的是青春期孩子很在意的"成人感"

和“被尊重”。就像他所描述的一样，在W的想象中，他希望可以自由地主宰自己的生活，过自己想要的人生，走自己的路，自由地去选择……获得最大限度的自由和尊重。

现实是，从理智的层面讲，W明白，父母安排的路是最经济、最高效、最“合情合理”的；但是，作为青春期逐渐成长中的男孩，W又有着同龄人都会有的“不成熟”和“倔强”。这种半理性、半情绪化的思维方式和问题处理方式，使得问题变得错综复杂，似乎进入了一个死循环：

我知道什么是“对的”，但是，现实是由不得我选，这不是“我的”选择，也不适合我，可是我无力反抗，我就只能非暴力不合作；你让我选，我怎么选都只能选你们想要我走的路，反正是没得选，所以，我就不选、不合作。

## 【给家长的建议】

1. 给予并让他感受到尊重。

每个人都需要尊重。

因为“尊重”涉及的是一个人的“价值感”“存在感”，关系到一个人非常重要的心理健康部分。古时有“宁为玉碎，不为瓦全”之说，讲的就是“当我们存在于世、安身立命的根本——尊严——丧失之时，宁愿结束自己的生命，也不愿无尊严、受人唾弃地苟活于世”。

青春期的男孩，生理已经成熟，心理随着生理的成熟也进入“狂飙期”——既敏感又脆弱——一方面觉得自己已经“长大成人”，应该可以自己决定一些事；另一方面由于知识、经验、能力的不足，甚至由于没有经济能力，在处理一些事情的时候又明显感到“力不从心”“无能为力”，需要成年人的支持和帮助。但在此时，他们又碍于情面，很难开口向成年人提出请求。而且，即便成年人主动提出帮助，还可能被其理解为“瞧不起”“羞辱”，对他们而言，很可能带来心理上的“伤害”，他们可能会“严词拒绝”并且嘲讽成年人，或者向成年人“叫板”，发出“挑战”，往往选择与成年人意愿相反的方向行事。

所以，给予青春期男孩尊重，更重要的是，让他“感受到”你对他的尊重——你承认他已经长大了，具有独立的人格，有一定的知识、经验和能力，有权利决定一些事。

2. 赋予决定权，培养责任感。

怎样判断一个人是否成熟?

可以依据现实的条件和环境做出合理的选择并承担责任，就是成熟。

温室里的花朵不能经风霜，是因为它从未经历过风霜。这话并不是说，野草野花就不会因霜冻而死，而是在风霜之下，它们经历过，有的死了，自然就淘汰掉了；有的活下来了，基因就被保存下来，得以继续繁衍。温室里的花朵挪到室外，经历风霜，也会有死有活，死的也是被淘汰，活的就会和野草野花一样基因被保存，继续繁衍。

所以，能力是在做事的过程中锻炼出来的；责任感是在赋予其责任，要其“担当”相应责任的过程中培养起来的。

为什么说“穷人的孩子早当家”，就是因为，穷人家的孩子很早就需要在家庭中承担一定的责任，比如，照顾更小的孩子、拾柴、做饭、做家务等。在承担这些责任的过程中，他们需要学习收集信息、权衡利弊、做出判断并最终承担相应的责任，他们的能力自然就会被锻炼出来，责任感也被培养出来。

3. 培养一头雄狮，就让它自己去捕猎；培养一个男人，就给他机会去试错。

动物世界里，动物的爸爸妈妈都会在孩子成年时将孩子“推出”家门，“逼迫”它们去自谋生路。只有这样，小动物才能真正成长为能够自立的个体，才能独自去面对自己的人生。

在羽翼下被严密保护成长起来的，或者被逼迫着走父母安排的人生道路的，要么没能力，要么不幸福。

男儿志在四方，如果你从没有让他看到“四方”的存在，他怎么会有“志”去征服“四方”？

希望孩子能够继承家族企业，可以一边给他机会去了解自己的家族历史、父母给予他的期望、家族企业承担的社会责任等，以帮助他产生使命感；一边给他机会去探索自己，明白自己究竟想要什么，自己的能力、优势、局限等，从而找到自己适合、擅长的领域；同时还可以给予他机会到企业中实践，感受什么是真正的“事业”“生活”“责任”等，从而促使他在生活的历练中获得成长。

当然，最终无论孩子有没有从事父母期望的工作，至少也通过历练加深了对自己、对家族、对父母的理解。无论他将来从事何种行业，都不会有太多的遗憾和推卸责任的“抱怨”与“指责”。

鉴于此，父母可以做的是：

1. 表明立场：绝不强制干涉。

2. 表明态度：愿意提供帮助。

3. 倾听，重于说教。

4. 提问，胜过解答。

5. 赋予决定权，亦赋予责任。

具体而言：

1. 表明立场：绝不强制干涉。

“孩子因你而来，但是，却不是为你而来。”

不管你怎样煞费苦心地营造教育环境，在孩子的成长过程中总有一些因素是你无法掌控的。其中既包括大的外在社会时代环境和物质环境，也包括小的来自孩子自身的基因和气质类型。也就是说，你永远无法得到一个“称心如意”的孩子。

既然如此，那我们在面对一个不断成长发展的人的时候，需要有的心理建设就是：“他有自己的生命轨迹，是我们无法操控的。俗话说‘儿孙自有儿孙福’。作为父母，我们能做的就是给他‘差不多’的爱和支持。没有‘完美的小孩’，也没有‘完美的父母’。因此，我们不必，也没有理由掌控孩子的人生，甚至对他的人生负责、为他的人生‘埋单’。”做好自己的心理建设，还要让孩子知道：

他的人生是他自己选择和承担的，父母不会强制干涉。

2. 表明态度：愿意提供帮助。

对于孩子来讲，最重要的就是“无论何时，我都有最后一条路可走，那就是——回家的路”。来自家庭的接纳和支持是孩子在这个世界上安身立命的根本。

试想，如果孩子在外碰壁、受挫，最需要来自亲人的包容和安慰、鼓励之时，而你却因为他是不听你的劝诫、教诲才导致今天的结果，认为这是最好的教育机会，甚至认为这是最好的“报复”机会，对他的处境冷嘲热讽，极力打击挖苦，可能你是爽了，孩子和你之间的关系也就毁了。

孩子掉坑里了，这个时候，做父母的不应该站在坑外边看热闹、大肆评论，而应该下到坑里，将孩子托举出坑，至少也可以站在坑边搭把手，把孩子拉出来。

孩子会痛定思痛，从经验中学习成长，也会感受到父母当初说的真是没错，而且他们真是世界上最好的父母，在自己忤逆他们意愿的情况下也能无私地帮助、支持自己，自己也该长长心，以后还是要多听听父母的经验，毕竟，兼听则明，至少他们不会害自己……

教育中有句话“关系胜过一切”，说的是，如果亲子关系好，孩子会为了让父母高兴而顺从父母；如果关系不好，孩子很可能会为了让你不高兴而自毁前程。最简单、最常见的例子就是：如果孩子不喜欢某门学科的老师，他就会本着“我就不学他那科，我气死他！”的原始想法而放弃那门学科的学习，对着干的结果是，老师工资照拿，孩子的成绩却一落千丈，很可能因为偏科而影响了升学和后继的生活。

所以，无论何时，要让孩子感受到，父母是不会抛弃他的。

3. 倾听，重于说教。

有人说：人为什么有两只耳朵，却只有一张嘴？那是为了少说，多听！

在人际交往中，我们都有这样的感受：我们愿意和对我们感兴趣的人在一起。那么什么样的人是对我们感兴趣的人呢？判断的标准就是，那些愿意听我们讲话的人。

我们在说话时，往往不仅仅是在说话，我们还在传递各种各样的信息，包括情感、价值观等。我们通过谈话识别谁跟我们是同道中人，俗话说“酒逢知己千杯少，话不投机半句多”，说的就是这个意思。如果一个人能够认同我们的情感、态度、价值观，那他就是跟我们一样的人，自然就是我们的朋友，自然就会掏心掏肺。

同样地，如果一个人在我们面前成天就是“说教”“唠叨”，从不会安安静静地听我们说说我们的想法和感受，我们大概也不会真的喜欢和他相处，愿意听他的经验分享。

有个小故事，说的是有个妈妈总是爱唠叨，有一天，她感冒了，嗓子痛得说不出话来。下午儿子回家，一进门就不高兴地说：“我再也不跟 ××× 做好朋友了！”这个妈妈很着急，很想马上问问发生了什么，也想好好劝慰一下，让儿子注意朋友之间的交往之道。可是，她嗓子痛啊，实在说不话来，只好什么也不说，只是将儿子揽进怀里，抚摸着孩子的头发。儿子在妈妈的怀里静静地待了会儿，明显感觉到他从刚开始的“气势汹汹”“剑拔弩张”，变得放松下来，然后，妈妈和儿子坐在沙发上，妈妈摸着儿子的手，关切地注视着儿子。儿子才道出了今天的事情原委，说着说着，儿子自己小声地说：“其实，我当时也没有做好，如果我不那么着急，不说那些话，××× 也就不会发火，要和我绝交了。”妈妈听了这些才知道原来发生了什么，也明白儿子已经分析了事情的对错。于是，妈妈用力握握儿子的手，肯定地看着儿子。儿子抬头看见妈妈的表情，神情也轻松下来，想了一会儿，他说：“我明天去跟 ××× 道个歉，跟他说清楚希望我们还能做朋友。”妈妈马上微笑着竖起大拇指。儿子眉开眼笑，拿起书包进房做作业去了。

试想，如果那天妈妈像往常一样，连珠炮式地发问、急不可耐地教育，儿子的心已经被满腔的怒火、委屈等情绪充满，哪有空间听父母的分析和教诲呢？

所以，一双善于倾听的耳朵比喋喋不休的嘴更讨人喜欢。

4. 提问，胜过解答。

好的教育不是给出答案，而是激发兴趣，引导学习。正如《论语·述而》所说“不愤不启，不悱不发”，说的是“不到他努力想弄明白而不得的程度不要去开导他；不到他心里明白却不能完善表达出来的程度不要去启发他”。苏格拉底有著名的“产婆术”教学法，即“讽刺（不断提出问题使对方陷入矛盾之中，并迫使其承认自己的无知）、助产（启发、引导学生，使学生通过自己的思考，得出结论）”，等等。

父母给出的解答在孩子看来，未必是“对的”，而经过孩子自己的思考、实践得出的结论，他会更加易于接受。因此，提出“好的问题”，引导孩子思考，给出相应的信息，提供参考或者提供思维方向，帮助孩子去分析，最终得出的结论其实与父母最初的答案差不了多少，但是孩子却更愿意接受。

因此，善于提问比直接给出一个答案，效果会好得多。

5. 赋予决定权，亦赋予责任。

权利与责任从来都是相互的。享有权利就要承担相应的责任，没有权利、只承担责任也是不公平的。因此，给孩子决定权，同时也跟他确认需要承担的相应责任。

当孩子明白，自己享有的一切，包括“决定权”都不是“理所当然”，都需要承担相应的责任时，他会更加谨慎地使用自己的权利。这样才能培养出有能力、有担当的男子汉。

因此，要赋权，也要赋责。

约定的辅导结束时，也是假期到来时，W 告诉我，他要利用假期到爸爸的公司去实习，不过是秘密的，没有人会知道他的真实身份。他说：他很想知道爸爸将来交给自己的公司到底是干什么的，是不是像爸爸说的那样是一家有社会责任感的公司，能不能给更多人带来福祉。他会在下学期开学时告诉我他的结论。

# 第五节

## 我已经努力了——被高期望所累的孩子

“谭老师，有个事儿，想请你帮一下忙。”直管领导客客气气的。“我有个朋友，他儿子学习成绩不太好。他想请你帮帮忙，看能不能帮他给儿子做一下工作，让孩子好好学习。”

“哦，好的。孩子什么时候来？”

B戴着一副黑框眼镜，小小的个子，不拿眼睛看人。

坐下之后，我询问他知不知道为什么会来这里。

“我爸爸觉得我学习不努力。”说着，B抬头看了我一眼，又将目光转开，看着别处。

“你爸爸觉得你不努力。你自己怎么看呢？”我真诚地望着他。他迅速抬头看了我一下，然后又垂下眼帘，用左手抠着右手中指第一关节上的茧。

那应该是长期用笔写字的人磨出的老茧。他的手小巧、稚嫩、白白净净，就只有这一处是粉红色突出的。“大概写了不少字吧。”我心里这样猜测着。

“我爸爸觉得我不努力学习。”他又重复了一遍。

我静静地等候着，因为我嗅出了一点点“未完待续”的味道。

他，静默着，似乎也在等待。

辅导室里很安静。

空气中慢慢地似乎有了一点点“尴尬”的氛围。他快速地看了我一眼，发现我仍然关切地注视着他，似乎有点惊讶又有一点放心。在他垂下眼帘的瞬间，我看到他嘴角扬起的一丝笑意。

“老师，你怎么不说话？”

“我在听你说呀。”

“不是我爸爸让你来给我做思想工作的吗？”

“我是心理老师，我不给人做思想工作。我会听你讲你想说给我听的话。”

“哦。那我爸爸会失望了。”他的嘴角又有一丝笑意。很复杂，好像有窃喜，也有无赖，还有一丝报复的痛快……

“你愿意讲给我听吗？”

他抬头看了我一眼，在我眼里寻找着什么能让他放心的东西。

他游移不定的眼神似乎在告诉我，我还没有得到他的信任。他迟疑了一会儿：“那我说什么都可以吗？”

“是的。”

“你都不会告诉我爸爸吗？”

“我会替你保密的。”

“可我没什么想说的。”

——差点儿噎死。

也是常见的情况。

“那你可以说说你对自己家庭的印象。比如爸爸是什么样的，妈妈是什么样的，等等，都可以。”

B疑惑地看着我，迟疑了一下，还是开始了叙述。

B的爸爸是大学教授，在国内某一领域是叫得响的人物，经常参加各种国际学术会议。妈妈也是大学的老师。

B一出生就被寄予厚望，大家觉得他应该像爸爸一样优秀、出众。他从小在大学附属学校就读，在各种眼光的关注下成长，被认为理所应当学习很好。但是，身为大学老师的孩子，其实自己并没有什么优势。

爸爸是从农村通过考学、个人努力奋斗得到今天的成就的。其间也经历了不少挫折和坎坷，吃了很多苦。他治学严谨，对他的学生要求很高。B经常看到爸爸的学生到家里来，个个都很厉害的样子。但是，爸爸还是会对他们提出很多的“希望”和“要求”。

“爸爸是严厉的，不管是对学生、对他自己还是对我。”

他经常忙工作忙到半夜，有时候，我早上起床，就会看到他的书房亮着灯。去跟他问好，会看到他工作了一夜，眼睛都熬红了。这个时候，我很心疼他。

可是他往往下一句就是让人不舒服的话："你看看你老子我，这把年纪了，已经是教授了，还要这么拼，你小子不好好学，看看你上次的成绩，还没 ××× （我爸爸同事、一个讲师的孩子）考得好。真给你老子我丢人，真是抬不起头。你老子我当年要不是努力读书，终于走出那个山旮旯，要不然，哪来的你娃儿今天的享受！"

我没有祈望自己出身不平凡，我只希望有个通情达理的爸爸。

有时候，我会怀疑，他在我面前是这个样子，他在外人面前又是什么样子，在他的领导面前、在其他知名教授面前又是什么样子？还是这样"老子""老子"的样子吗？

我知道学习的重要性，我也喜欢读书，可是，我就是没有别人考得好，我就是做不到"万无一失"。

"我努力了！我还能怎么办？"

"为了能够考取好成绩，我除了花大量时间的背诵，我还默写、抄写、刷题，大量练习。老师，你看，我的手，你看这个地方。"说着，B 用左手指着右手的中指第一个指节那个突出的老茧。"老师，这里好痛，经常痛得没法忍，但是我跟他说，他却说：'谁没有！谁不是！'好像我是跟他找借口。"B 的泪涌出眼眶。他抹了一把，接着说："我就贴上创可贴继续写。"

"我有时候也想，会不会是出生时医院抱错了，要不然，为什么我没有继承爸爸的'好成绩'。看到爸爸对我失望的表情，有时候真的恨不得去死。可是我又想，我已经努力了，我没有错，我为什么要去死？！

"经常地，我在努力背书时，脑海里就会不由自主地想起爸爸说的话、爸爸的表情，就会走神儿，就不知道背到哪里了。有时候，正在做一道题，不知道怎么了，就会不由自主地走神儿，等我回过神儿来，时间已经过去很久了。有时候，我在考试，就会不由自主地想到："要是我这次没考好，爸爸又会说什么？会不会又说我没努力？又会对我很失望？"然后就会想到很多糟糕的事，就会想起以前他是怎么说的，就会整个感觉很糟糕，就会满脑子糨糊，静不下心来，无法专心思考、分析、考试。结果往往考试成绩就会不理想。

“可是，我没法不想，我停不下来。

“我也希望自己学习成绩好，我也努力了。

“可我就是没法取得好成绩，没法让爸爸满意。

“老师，你要是真的能够帮到我，我也希望你能帮我取得好成绩。

“老师，我有时候真的很恨我自己。

“妈妈经常会为了我和爸爸争吵。我很害怕他们会为了我而离婚。

“我很恨我自己。

“要是我的成绩能让爸爸满意，妈妈就不会和爸爸吵架，他们就不会离婚。

“我妈妈也是大学的老师。她没有去评职称什么的。她觉得评职称什么太累，要做很多事，交很多材料，她不愿意。她就喜欢有很多空闲时间做自己喜欢的事。爸爸也觉得这样很不错，因为他经常很忙，需要一个比较空闲的人照顾家庭。

“可是，在对我的教育问题上，他们出现了很严重的分歧：爸爸希望我力争上游，要不断取得进步，甚至要‘逼迫’自己，因为‘人无压力轻飘飘’，人就是要有压力才会激发潜能，才能创造奇迹，才能取得成就……

“可是妈妈却觉得人生一世很难得，何必过得那么苦呢？‘天生一人必生其路’。不是每个人都必须上大学，不是每个大学教授的孩子都必须是大学教授。每个人都有自己擅长和不擅长的方面，也许我就是一个不擅长读书的人，那我可以去学点技术什么的，将来能够找到一份养活自己、照顾家人的工作就行了。

“可是爸爸就觉得丢不起这个脸，就觉得自己的一切都要是好的、体面的：自己厉害，靠自己个人奋斗出人头地，大学教授的职业，在业内有影响力，妻子大学老师，说出去也不丢人，孩子至少也应该是成绩过得去，不是第一第二至少也应该是排前面，不应该是中下游……

“我是他今生最大的遗憾，我给他丢人了……

“我还让他们夫妻俩吵架，要是因为我而离婚了，我岂不是罪大恶极……

“有时候真不想活了……”

通过 B 的讲述，我们大致可勾勒出这个家庭的某些面貌：

“教授爸爸”可能靠着个人奋斗改变了自己的出身和命运，在某种程度上获得了社会的认可。可是，好像这个“教授爸爸”的内心其实还是不怎么能够接受一些东西的，也许是他的经历在他的信念系统里刻下了这样的坚持：

“人定胜天，没有通过努力做不到的事。”

“每个人都要为自己争取，不能坐享别人的成果。”

“只有自己努力获得的成果才是值得称耀的。”

也许，“教授爸爸”内心还是不够接纳自己，尽管自己通过个人努力改变了命运，但是自己“仍是农民的孩子”，还是改变不了自己是“从山旮旯里走出来的”的，自己还是带着某种“原罪”——一出生就注定被别人瞧不起的部分（其实是他自己瞧不起自己的出身）。因此，他在自己的人生中树立了这样的信念：人要配得上自己获得的东西。

我是教授，我的妻子、孩子要配得上我。

我是教授，我的努力和业绩要配得上我的称号。

我的孩子是教授的孩子，他的成绩就应该配得上我这个“教授爸爸”的地位。

……

所以当孩子的成绩“配不上”自己这个“教授爸爸”的身份时，他不是和孩子一起分析原因，帮助孩子一起努力找方法解决或者至少面对、接受——我的孩子可能真的不怎么适合现在的这种教育模式，也许他就是不适合通过考学解决未来的生计——而是希望通过“改造孩子”，将孩子改造成自己满意的样子，来满足自己的“需要”。

同时，家庭里妈妈的观念与爸爸的观念存在差异，并且在孩子的成绩成为“问题”时被激发出来，这也给孩子带来巨大的冲击，尤其是当孩子尚未形成自己的、稳定的价值观时。孩子会认为是自己的原因造成父母的争吵，而不会解读为“这是父母观念的差异，只是在‘我的成绩不让爸爸满意’这件事上爆发而已。‘我的成绩’只是一个导火索，而不是根源”。孩子会将父母的争吵归咎为自己的过错，会带来孩子的自罪自责，甚至可能会造成孩子的价值感丧失，可能会让孩子认为自己的存在对父母而言是“失败”“耻辱”，可能会让孩子认为，也许自己死掉家人反而会解脱，从而造成孩子采取极端行为。

通过跟这位“教授爸爸”沟通，又和“讲师妈妈”沟通，得到的信息与B谈的情况基本一致。

跟家长沟通的目的是反馈一些信息，比如：孩子到底是不是思想问题，是不是主观上的不思进取、自甘堕落，同时也给家长提出一些营造良好家庭教育环境的建议。

## 【给家长的建议】

1. 每个人都有自己的发展时间表，也有自己的擅长和软肋。

每个人都有自己的发展时间表，所以才有所谓“早慧”“天才儿童”和“大器晚成”的说法。因此，没必要强求每个人在同一时间段表现出同等水平。陪伴孩子成长，也许就是在等待一棵树开花。而且，每个人都不一样，哪怕有遗传上的关联也不能决定谁会必然成为什么样子。有时候，也许那是一棵桃树、一棵栀子花、一棵桂花、一棵蜡梅，可能在一年中的不定哪个季节开花，而且也许会是棵铁树，他就不会开花。所以，面对与自己的预期不一致时，我们做家长的只有根据孩子的真实情况加以引导，而不是妄图去“改造孩子”，说实话，你也没有那个能力真的“改造孩子”。

与其“改造孩子”，去做无用功，同时伤害彼此之间的情感，不如真正接纳自己孩子的本来面貌，协助他按照他自己的特质和时间表发展。

2. 孩子不是我们实现自我的工具。

有个笑话，说的是小学生抱怨他的爸爸折腾他，说：“别人是笨鸟先飞，我爸是‘笨鸟下个蛋，训练那个蛋去飞’。”

我们纵然有很多的人生遗憾，要去实现也需要我们审时度势，有些事就是没办法，那就只能接受。

假如问题其实是自己的，就不应该让别人去背负。比如，这个个案中的"教授爸爸"，其实他内心对自己是不接纳的。虽然他通过自己的个人奋斗获得了某个层面的巨大成功，但是他自己仍然非常介意自己的"出身"，希望继续通过努力"彻底重塑"自己的完美形象——以前的"出身""原生家庭"改变不了，但是自己的事业、婚姻、家庭、子女是自己可以"掌控"的，所以就要求妻子、孩子、学生等完全按照自己的意愿来行事和生活。其实，也许真正该看心理医生的是这位"教授爸爸"，因为，没有人应该是别人实现自我的工具。

所以，也许当别人让自己非常痛苦、难以接受时，我们可以想想，"也许该我自己先去澄清一下：是我的问题还是他的问题，为什么他让我如此难受？"然后，再想想该怎么办。而不是一上来就要"改造别人"来"适应自己""满足我的需要"。

3. 夫妻之间的分歧不可避免，但是不要让孩子觉得是他的过错。

"牙齿和舌头那么好，有时候牙齿还会咬到舌头"，更何况是来自完全不同的两个家庭的两个人组建的婚姻。夫妻俩不是不能有价值观、信念系统、生活习惯等方面的差异和分歧，但是，那是夫妻之间的问题，不要给孩子一种错觉："爸爸妈妈是因为我在争吵""我是爸爸妈妈矛盾的根源""我是个包袱，没有我，爸爸妈妈会是神仙眷侣"……

因为孩子很敏感，夫妻俩声音稍微大一点，孩子也可能会解读为争吵。所以，夫妻俩有什么问题，避开孩子，自己先协商好，再传达给孩子统一的信息；夫妻有什么需要澄清的、讨论的，甚至吵架的，也请避开孩子。

## 【给孩子的建议】

1. 分清父母的要求是合理的还是不合理的，并区别对待。

当然，这个建议也许真的超过一个孩子的能力。因为孩子必定有这样的局限，就是经验不足、无法判断和要保持对父母的“忠诚”，这两点就会让孩子无法思考“父母的要求的合理性”。这时就需要孩子具备判断能力。

这种能力从哪里来？

首先，教育的开放性：来自父母教育的开放性、来自学校教育的开放性、来自社会主流价值观传递的信息——培养孩子具有质疑意识和思辨的能力——不盲从于权威、不畏服于权势。

其次，信息的开放性：孩子可以从父母、同学、朋友、老师、媒体（传统纸媒：如书报杂志，现代媒体：如广播、电视、网络等）多处获得多元的信息——同样的事件可以从不同视角、不同领域、不同层面加以解读，并得到不同的信息，能够采取不同的对策，得到不同的结果……

最后，养成独立思考，多角度思考的习惯：如果外界什么都提供了，自己没有养成独立思考、多角度思考的习惯，那么也是没什么用的。独立思考并多听别人的看法，积极参与讨论，观察别人的思维模式，借鉴其中有价值的部分。

当然，不可能一开始就很顺利，能力是慢慢培养的，自信是慢慢建立的。当你能够逐渐区分父母的要求是否具备合理性，或者是这个要求对于你而言的“适用性”时，其实，你的能力和自信就已经建立起来了，然后，再选择适合的情景和方式加以反馈。

其实，“反馈”的重要性有时候远大于“绝对的服从”。

“绝对的服从”是会让对方“顺心”“如意”，但并不能引发他的“好感”，甚至可能让对方轻视你。“反馈”则不同，“反馈”传递的信息是：我收到你传递的信息，我在积极思考你的意图，我在思考现实的情况，我在综合全盘考虑——我很重视你传递的信息——“我很重视你”。哪怕你最终不会同意，不会完全按照对方的意图行事，至少你也让对方感受到你的态度是“积极正向”的。仅这一点就会减少很多不必要的猜忌和摩擦。

如果你判断清楚，父母的建议是合理的、可行的，那就积极大方地回应和实践，并不时汇报阶段性的成果，这样能激发父母的正向情感，取得父母更多的支持。

如果你判断出父母的建议和要求不适合你的实际情况，你可以委婉地说明你的实际情况，并提出“修改意见”；你也可以和父母“签订君子协议”——提出你的想法，并提出验证的方法，用事实说话，“谁的方法更有效，就用谁的”；你还可以找在父母面前有话语权的人去游说……方法不一而足，关键是“有理有据”“因人而异”“有用有效”。

2. 改变你可以改变的，接受你没办法改变的。

西方有句谚语说，“改变你可以改变的，接受你没办法改变的”。对人对事都是如此。对你的父母也是一样。

就像我们希望父母接受我们“本来的样子”一样，我们也应该接受“父母本来的样子”，这样相互平等的权利和要求才是真正的公平合理。

父母是什么样，也不是我们能够去选择和决定的。有的人的父母就是和蔼可亲、通情达理，有的人的父母就是粗鲁暴躁、没常识不讲理；有的人的父母就是大方慷慨，有的人的父母就是吝啬小气……什么样的父母都有，只是看谁的运气好而已。而且，这世上也没有完美的父母，正如没有完美的小孩一样。可能那个父母慷慨大方，但是同时也没常识、不讲理。所以，既然我们希望父母不要对我们求全责备，我们也不要对父母太苛责。

如果我们可以在亲子关系中做点什么来改善关系，使彼此都愉快，那我们就尝试去做一些努力；如果我们实在无能为力，那就尽量发掘父母身上的可贵之处，尽量与父母好好相处。毕竟，我们终有一天会离开家，去组建自己的家庭，创造自己的生活。始终纠结于一些自己无能为力的事，妄图通过“别人的改变”来使自己过上“幸福生活”，既不现实也不长久，更没道理——谁也没有责任为了别人而活——你不用为了父母而活，父母也没有道理为了你而改变自己。

3. 分清责任归属，承担自己的责任。

中华民族的传统美德中有“见贤思齐焉，见不贤而内自省也”的品行要求。有时候，我们希望自己成为“圣人”“完人”“伟人”，但是很重要的一点需要提醒的是:“每个人应该担负自己的责任。”

那么，我们自己呢?

作为学生，尽自己的全力取得最好的成绩，是自己的责任，应该承担，不管父母有没有对此提出要求，都是不用质疑的部分。

作为子女，如果父母争执，尽力去弄清原因，如果是因为我们，那我们要承担起相应的责任;如果不是，是父母彼此之间的问题，那么这不是我们的原因，我们不必为此自责、内疚。

我们可以做的就是，如果父母愿意跟我们分享他们各自的观点和结论，我们洗耳恭听;如果他们不愿意跟我们说，我们就请他们理智冷静地面对问题，不要采取争吵这种伤感情的做法;如果父母要我们在他们之间选择“站队”，我们可以跟他们说:“有没有道理，不在于人数多少。要子女在父母之间选择站队，是很不理智的做法，这样不仅伤害夫妻感情，也伤害子女和父母之间的感情，无论子女选择哪一方，另一方都会对子女心生怨恨，子女也会对另一方心怀愧疚。”

如果父母真的让我们做子女的选择站队，那么，从某种程度上讲，这种父母已经很不成熟、很不理智了，子女能做的非常有限。但是我们做子女的要明白，我们可以做什么、不可以做什么以及为什么。我们不能被不成熟的父母裹挟进他们的战争，在他们的战争中“阵亡”。

我们能做的就是，快快长大，丰富自己，坚强自己，从他们的失败中吸取经验教训，避免自己重蹈覆辙。

# 第六节

## 我只想跳舞——家庭破裂之后的孩子

C坐到我面前时，我看到的是一个“街舞女孩”——化着很浓的妆，头上梳着很多小辫，没有上百，也有几十，而且头发还染成了介于青和紫之间的颜色，好像光线角度不同，颜色就会不同，辫梢上还扎着丝带，衣服很宽松，里面穿着一件抹胸，热裤下露出雪白修长的双腿，一双很炫酷的鞋。当她坐在我的沙发上时，我只觉得嚼着口香糖的她“睥睨一切”“自成一体”。

C已经有半年没到学校上课了，学校给她办理的是“因病休学”手续。

C的父母离异，C判给母亲抚养。

从此，父亲不知所踪。

C母是做生意的，具体做什么生意，C不知道，也没兴趣知道。反正，C母会每月给C的账户打一笔钱。家里有个保姆，负责打扫卫生、照顾花草和一只名叫“多多”的狗。

C会坐到我面前，是因为她妈妈希望她至少拿到高中毕业证，不要成天在外面晃。

C从那涂成黑色的嘴唇里吹出一个巨大的泡泡——原来她嚼的不是口香糖，是泡泡糖——泡泡破了，她的嘴唇灵巧地将泡泡糖又收回口里，继续嚼。

C看着我，好像在观察我的反应。

我也饶有兴趣地看她玩泡泡糖——吹大、破裂、收回、咀嚼、吹大、破裂……

我们就这样，时间一分一秒地过去。

终于，C说：“我也想看看你有什么办法让我回学校读书。”说话间带着挑衅。

“那么，你的意思是，你希望通过辅导，澄清自己内心关于接受学校教育的一些想法，并且做出行为上的调整？”

“哟，老师，您说话怎么这么绕啊。能不能简单点啊。”说着话，C将自己深深地陷进沙发里面。

“每个人有自己的一套话语体系。每种技能，比如街舞，也有相应的技术要求和标准。正如同我看你的穿着打扮和你的街舞，也不是很了解一样。但是，我愿意听你讲讲你的这套系统，如果你愿意的话。”

“哦……是吗？你想听我讲？”C将双臂交叉抱在胸前，表现出深深的怀疑和防备。

“是的。”我很诚恳。

C一边思考，一边观察我：“嗯，那我说说我的‘第一次’？”说着，挑起一边的眉毛。

嚯！这么猛。这是要试探我是不是像我说的那样：对她感兴趣、不会抱成见……

“好。”

“好？”

“嗯。”

C的故事是这样的：

C母是个很有想法的女人，可是C父却是个只想过平淡安稳日子的男人，两个人生活中时常为了生活态度、处理问题的方式而发生分歧。妈妈总想“试试”“闯闯”，父亲总怕母亲出什么差错，总想拉着母亲，生活理念没法统一，分手成了必然。

C从小在父母的“讨论”“争辩”直到离婚的过程中，从最初的恐惧、担心慢慢变成后来的冷静、冷漠。因为父母总会讲出自己的道理，而且每个人都有十足的道理。C也得出这样的结论：

1. 每个人都会有不同的想法；

2. 每个想法都有一定的道理；

3. 每个人都可以按照自己的想法生活，别人无权干涉；

4. 哪怕是婚姻也不能成为约束别人的筹码；

5. 没有人能限制你，只有你自己。

因此，C想过自己随心所欲的生活。

同时，C也觉得男人应该胸怀天下、志在四方，不应该“窝”在家里，还不让家里人出去。

父母离婚时，问她选择跟谁，她毅然选择了跟妈妈，因为“只有跟自己理念一致的人一起生活，才不会太累”。

父母离婚后，妈妈毅然辞职，开始做生意，在C生活中就慢慢出现得少了。开始，C很想念妈妈，总期盼妈妈能回来，和自己一起生活，和自己说说话。后来慢慢地，C意识到，现在的生活是妈妈的选择，也是自己的选择，那么，既然是自己的选择，就只能自己承担结果。

没有妈妈管束的日子，没有妈妈陪伴的日子，寂寞、空洞、无力。

一次偶然的机会，C看到一群人跳街舞。

舞蹈中透露出自信、坚决、果断，舞姿酷炫、热血，斗舞时睥睨一切，合作时的默契甚至胜过生死之交……

“这就是我想要的生活！”

C好像觉醒了，开始非常投入地学习街舞，跟随网上的教程学习，到处打听附近有没有练街舞的人，或者做街舞培训的，参加各种街舞的聚会……慢慢地，C觉得学校里读书的生活不能满足她，只有跳街舞的日子能让她感到自己是“活的”，是“有生命的”，是能感受到生命的脉动和节拍的。

C就开始以各种理由请假、旷课。

C母的电话经常性地因为C的旷课而响起。开始，C母没有重视，草草地应付了事：一方面跟学校、班主任说“我会好好教育孩子”，一方面跟C“讲道理”“提要求”。刚开始，C还会有所收敛，后来，C觉得“我只是想过自己想过的生活。我又没有做什么违法乱纪的事，也没有做什么出格的事。你不也是在过自己想要的生活吗，凭什么不让我过自己想要的生活”？于是，她跟母亲越走越远。不接妈妈的电话、不回妈妈的留言，开始大胆地穿着“街舞风格”的衣服，朝着“街舞”的方向一去不回头。

由于C长期不到校学习，学校通知C母协商C的学籍问题。

C是不会回学校读书了，无奈之下，C母给C办理了“因病休学”的手续，“不然，能怎样，还能不要学籍呀”？

万般无奈之下，C母希望通过心理辅导改变C的想法，让C回到学校读书，至少把高中读完，同时也不要再在外面“瞎混”，女孩子要是出点什么事，会悔恨终生的。

孩子来到这个世界，完全是白纸一张。

后来孩子的成就作为、信念体系、行为习惯、生活习性、审美情趣等很多方面都深受来自父母和环境的影响。从某种程度上说，“孩子是家庭的产品”，深深地打着“MADE IN ××× 家”的印记。甚至有人声称“孩子的错都是家庭的错”“孩子是家庭的镜子，孩子反映出的都是家庭的‘映像’”。

当然，每个孩子都是独立的。

俗话说:“龙生九子，各个不同。”

同样的家庭环境，兄弟姐妹也会有不同的性格、秉性。这也说明，在“孩子最终成为什么人”这件事上，孩子本身也有不可推卸的责任，或者是基因或者是气质类型在其中起着非常重要的作用。

所以，孩子的成长是一个父母和孩子彼此合作，共同“塑造孩子”的过程，其中，父母和孩子双方的力量都不能忽视。

当然，孩子毕竟未成年，缺乏一定的人生经验和生活阅历，需要父母的指导，这毋庸置疑。

那么，问题来了：

如果孩子不接受父母的意见和建议，父母应该怎么做?

像唐僧一样的“唠叨”“说教”，像孙悟空一样的“揍一顿”“先打一顿再说”，像猪八戒一样的“谄媚”“讨好”，像沙和尚一样的“陪伴”“守护”“等待”……也许都要，需要在不同的时间、场合选用不同的“策略”。

有时候，培养小孩真的就是一个“斗智斗勇”的过程。所以也有人说“与孩子共同成长”的意思就是“在与孩子的斗法中，充分体验‘魔高一尺道高一丈’的快感和‘黔驴技穷’的崩溃”。

所以，养育小孩真是一个非常鲜活的生命体验过程，绝没有“从此，一家人和和睦睦生活在一起”的童话与浪漫。其间，父母会感受到小孩成长的喜悦、担心小孩差错的焦虑、遇到小孩顽抗的焦头烂额、无计可施的绝望和崩溃……

我们回到案例本身。

从C的言论中，我们明显可以看到，C的观念不成体系，甚至有不少不合理之处。如：

1. 每个人都会有不同的想法；

2. 每个想法都有一定的道理；

3. 每个人都可以按照自己的想法生活，别人无权干涉；

4. 哪怕是婚姻也不能成为约束别人的筹码；

5. 没有人能限制你，只有你自己。

这些观念，拆开看，都对，但都是狭隘、混乱的，像是从“心灵鸡汤”上摘抄来的。

当然，C的观念从哪儿来的，我们不知道，也许是从生活中总结出来的，也许是从“心灵鸡汤”中得到的。这暂且不管，问题是，C有这些想法，身边有人听她说过吗？有人与其讨论过吗？她有在与自己信任的人讨论的过程中，矫正自己观念的机会吗？

显然没有！

身边最重要的亲人、监护人——母亲常年忙于生意，没有在C需要的时候给予陪伴、守护、支持、帮助，只是每月打钱。

甚至，C说，妈妈对家里的花花草草和那条名叫“多多”的狗，都比对她上心，还专门请了一个保姆负责，而对自己却任由自己“肆意地”“疯狂地”“自由生长”……

也许在别的孩子看来，这样的生活——金钱富足、没人管理（妨碍）的生活，十分令人向往。其实，真正在过着这样的日子的孩子却是孤独、寂寞的。他们甚至希望能有像同学抱怨的父母那样时时处处管着自己、过问自己的生活和学习的监护人。

那么，C 现在究竟是怎么回事儿呢？

父母离异，母亲常年不在身边，得不到亲情的温暖和支持，C 从学业上也得不到任何成就感，哪怕取得学业成就，又有谁能与自己分享呢？

年轻的生命充满生机与活力，需要找个出口。

此时，街舞的出现，正好给了 C 一个出口：

街舞需要长期练习，需要毅力和努力，街舞的成功有同好的欢呼和认可，是自我价值的肯定和实现。街舞建立了“人与人”的密切关系，是情绪的强烈表达，甚至有自己的哲学思想，有对世界、对他人的思考，这正是 C 所缺乏的、强烈需要的。因此，C 对街舞非常痴迷，以至于想以此为业，别的什么都不想。

此时，想让 C 告别街舞，返回学校，非常不现实。

此时的街舞，对 C 而言，就像汪洋里的一艘小舟，是她暂时的避风港和安全岛。在学习街舞、练习街舞、与同好一起活动的过程中，C 在逐渐地认识自己、澄清自己、调整自己的价值观。换句话说，也就是 C 在慢慢探索自我，逐渐成熟的过程。

当然，母亲的担忧可以理解。因为，跳街舞的人，他们的装束、做派，都是我们很多成年人无法理解和认同的，我们往往会对不了解的事物心怀恐惧。

## 【给家长的建议】

1. 离婚时，孩子由谁监护，不能由孩子决定，应该由更有能力监护孩子的一方获得孩子的监护权。

很多父母在离婚时，让孩子选择跟谁。

当然这可能有多重考虑，比如：孩子自己选的，那就避免以后孩子后悔，或者抱怨父母。或者，很现实的原因是，现在带着孩子再婚很可能会产生大量现实的问题或者困难，但是，做父母的如果不好直接说出“我不要孩子”这样的话，那让孩子自己选也不失为一种方法，就像是抓阄，听天由命。或者，也有可能是父母想检验自己在孩子心中的重要性是否超过另外那个人。

不管基于怎样的考虑，让孩子自己选择跟谁，都是非常不负责任和欠考虑的。

本来，父母离婚对孩子而言就是具有“毁灭性”的打击，好像天崩地裂。而此时，要孩子在父母中选择一方作为自己的监护人，对孩子而言，就像是让他选剁掉左手还是剁掉右手。要让孩子在父母中抉择出亲疏，选择今后跟谁生活，或者就意味着要让另一方从自己的生活中消失，孩子该如何选才能保存那可怜的“家”的感觉。

所以，就算夫妻间的“爱”已经不在，但是作为孩子的父母，这层非常重要的人际关系、人伦、血缘是不会因为离婚而消失的。

无论何时，做父母的都要把孩子的利益放在非常重要的位置上进行思考。

离婚时，要考虑的不仅仅是财产分割，还有子女的成长。不仅仅考虑孩子喜欢谁，还要考虑孩子跟谁能得到更好的成长。

2. 离婚了，不能从孩子的生命里消失，要肩负起父母的责任。

“父母是一辈子的事”，有人甚至说“只要不闭眼，孩子就是父母永远无法放下的责任”。

古语说“父母在，不远游”，那是强调子女对父母的责任，那么作为父母呢？如今家庭结构日益简单，如果父母由于各种原因离开孩子，在孩子的成长过程中，父母的缺席给孩子带来的伤害会在孩子的一生中慢慢呈现，甚至可能给第三代带来可以预见的“困难”。

那么，如果离婚了，父母可以怎么办呢？

首先，告诉孩子：“父母的婚姻结束了，仅仅是因为父母无法再在一起生活，这不是谁的错，既不是爸爸的错，也不是妈妈的错，更不是你的错。”

其次，告诉孩子：“虽然父母离婚了，但是，爸爸妈妈仍然是‘爸爸’‘妈妈’，这永远不会改变，爸爸妈妈永远爱你。”

第三，双方协商没有监护权的一方探望孩子的频率、时间、方式等细节，给孩子营造出“父母的爱还在”的感觉。

第四，双方达成协议：“绝不在孩子面前诋毁对方。”

3. 离婚了，不要在孩子面前指责对方，要维护好对方在孩子心目中的形象。

“父母是怎样的人”，不仅仅是一个“对”与“错”的问题，还涉及孩子会如何看待两性 / 异性、如何理解两性关系、将来如何构建自己的婚恋模式等问题。

不少家长在离婚后，不能放下个人的恩怨，在孩子面前大肆诋毁前妻 / 前夫，甚至整个家族齐上阵，能够怎么做到极致绝不手软，誓把对方塑造成“十恶不赦”的“绝世奇葩”。殊不知，这会让孩子怀疑“爱情”，不敢信任异性（可能会形成诸如女人就是水性杨花，就是爱钱……或是男人没一个好东西等观念），或是对自己的性别感到莫名的厌恶或者恐惧（例如：爸爸给妈妈造成了这么多的伤害，我作为男孩，今后会不会也给女性带来伤害？或者女人这么可恶，我也为自己的性别而感到羞耻）。

如果，实在对前妻 / 前夫无法释怀，那就去找个心理辅导师，先解决好自己的心理问题。不要让自己的心理问题既困扰自己，又给孩子带来伤害。

4. 离婚了，不要让孩子成为“留守儿童”，更不要让孩子成为“孤儿”。

离婚很可能造成经济的拮据，为了抚养孩子，有孩子抚养权的一方，要更多地将时间用于挣钱，因此与孩子相处的时间就必然会被挤占。有的家长很可能为了更多地挣钱，同时孩子也能得到比较好的照顾，就让孩子住校。这些无奈在无形中都将孩子置于“留守”的现实之中。

让孩子承担一定的责任，可以让孩子早日成熟。但是，如果孩子因此而在早年的生命体验中就感到深深的孤独、寂寞、无奈，这必然会成为其生命的烙印，甚至生命的底色，很可能会在他的一生中造成深刻的影响，对其自我价值感、成就动机、婚恋都造成影响，也可能会波及第三代。

所以，父母离婚，不要使孩子成为“留守儿童”，更不要让他成为“孤儿”。

因此，不要轻易离婚。如果非离不可，要考虑到抚养孩子的一方的经济状况，更好地给予孩子成长必要的保障。

## 【给孩子的建议】

1. 婚姻是父母的，他们的模式只是千万种婚姻模式中的一种而已，自己不必一定追寻他们的足迹。

传统的观念认为：男主外女主内；女强人必定婚姻不幸；男性一定要胜过妻子，否则会婚姻不稳定……

这些观念有其产生的条件，在一定时空范围内有其合理性，也会存在一段时间。但随着社会的发展，许多条件已经改变，观念也会随之而更迭。

自己父母的婚姻模式，只是千千万万婚姻模式中的一种，不是唯一合理的一种，更不是自己必然应该追随的那种。所以，如果父母婚姻幸福，我们可以借鉴他们的相处之道；如果他们不幸福，我们同样可以从中学习，在自己的人生中尽量避免同样的不幸发生。

2. 每个人都应该有自己的生活，同时也要肩负起自己应该承担的责任。

不能为了取悦别人而牺牲自己，无论是兴趣爱好还是人生理想，同时，我们作为关系中的一方，每个人都有自己应该肩负的责任。

“人”是一撇一捺构成的，只有其中任何一笔都不构成“人”，这说明，“人”这种动物是需要在与别人的关系中验证自己、实现自己的。也就是我们常说的：人是社会动物。

所以，满足自己，能使自己快乐；满足别人，同样也能实现自己的价值，能够让自己身边的人因为自己而感到幸福，何尝不是一件美事？这也是一种能力，更是一种美德。

3. 好的婚姻不是不吵架，而是吵架了还能继续幸福地生活下去。

两个人能够幸福地生活，并不要求两个人一定要三观相合，而是需要双方能够沟通、妥协，心里有对方。

著名的家庭治疗大师米纽庆曾说过：他不止 50 次想离婚，100 次想掐死自己的妻子。

试想一下，著名的以解决别人的婚姻家庭困难为业的大师，在自己的婚姻里也会遇到同样的情况，不是说明大师不够格，而是说明“婚姻原本就是一个难题”。

这道难题，并不意味着只有高手才能解答，而是说，虽然难解，但是我们还是要充满热情地投身其中，而且不同的人可以有不同的解法。

婚姻幸福遵循的原则也许是，明了婚姻中可能存在的各种困难和问题，同时，仍然对自己、对配偶、对婚姻抱有希望，相信只要大家秉持“努力幸福下去”的信念，就可以一起携手迎接生活中的种种挑战，甚至包括离婚的威胁。

所以，破除对婚姻的不现实幻想，明了要双方努力去争取，才能赢得婚姻幸福。

鉴于 C 的现状，我们的工作目标不是让 C 返校读书，而是让 C 不脱离教育。

通过协商，C 母调整自己的预期，并且与学校沟通达成协议：

C 母给 C 请家教，学校同意让 C 到校参加重要的考试，取得相应的成绩；另一方面 C 可以给学校的社团（街舞社）担任艺术指导。

通过这样的努力，C 感觉到母亲对自己的爱是真实的，不仅仅是停留在口头上，不再是以一种“她（妈妈单方面）觉得好的方式给予”，融洽了母女关系，于是 C 也就愿意让一步，接受家教，按时到校参加重要考试。而且，能够给学校的街舞社做艺术指导，也在一定程度上满足了 C 的自尊需求，在给街舞社提供艺术指导的活动中，C 的价值感得到提升、效能感逐步增强，对学习也不再反感，从而进一步提高了学习的热情。

当然，我们的工作仍在继续帮助 C 寻找自我的价值，澄清自我。

# 第七节

## 爱挑刺的刺儿头——青春期的孩子

D是班主任揪过来的，因为他跟所有的科任教师都无法“好好说话”。

班主任又急又气地说：“他呀，就是缺心眼，老是爱在课堂上跟老师抬杠，老爱挑老师的错。而且一旦抓住就不放，非得别人当着全班承认，他才会得意扬扬地‘鸣金收兵’。”

“谁说的，我才不是缺心眼呢！我是捍卫真理。错了就是错了，就应该承认。当老师的都不能正视这点，怎么教书育人？”D瞪着眼，看着班主任。

班主任无奈地望着我：“你看看！你看看！就是这样，根本没办法好好说话。”说着，班主任又转向他：“做人呢不要太死心眼。你这样会得罪很多人，而且，同学也不喜欢你这样。有同学就说，你总在上课时挑老师的错，严重地影响了老师的授课，经常使老师的教学进度无法完成，也影响了同学的学习。”

班主任语重心长，D一副事不关己的样子。

“如果你真的发现老师讲授的内容有什么问题，你可以下课了再跟老师交流……”班主任还在说。D马上抢白道：“那不就耽误了大家的学习了。如果不及时纠正，给同学形成错误的第一印象，要改就不那么容易了。而且，万一下课了，老师忘记自己这样说过了，死不认账，怎么办？那不是更加没法更正错误了？”

班主任被气得话都说不出来，只能干瞪眼。

嚯嚯——现场实况啊！

不用班主任再多做解释，D跟其他老师会是怎样的交流风格，一目了然。

可是，D为什么会是这样一种风格呢？在他“认死理”的背后，又有怎样的故事呢？

“来，跟老师聊聊你发现的老师的错有哪些。”

D眼睛一亮，马上将凳子挪过来，靠近我，开始列举他发现的老师的错漏之处。

一一听下来，我发现，D还真是个“认真学习”“好好听课”的“好学生”——因为，只有课前预习过，上课认真听讲，还要有一定的知识积累，才能

**发现老师的错漏之处——当然，其中包括一些老师的口误。**

说起来D还是教师子弟，D的奶奶是教师，现在已经退休了，爷爷是退休工程师。

老两口退休后，闲来无事，就帮儿子带孙子。

别看老两口在事业上很有作为，可是他们的儿子，也就是D的爸爸，却连大学都没考上，只上了个职业中学，学了门汽车修理的手艺，现在自己开了一家汽车修理店，还招了几个学徒，生意也是做得不错。

可是，老两口看来却很失望。他们觉得自己的孩子还是应该考大学、考公务员，或者至少能进事业单位，这样至少有保障，也有面子。

老两口思前想后，总结出的原因是：自己当年没有教育好自己的孩子，没有在孩子很重要的几个关键时期帮孩子“掌好舵”，以致孩子没能走上“正途”。所以，现在自己退休了，有时间了，就可以在孙子身上弥补当年的遗憾。

于是，孩子从小就跟着爷爷奶奶生活，接受爷爷奶奶的“教育”“栽培”，一路在爷爷奶奶的保驾护航下“健康”成长——小学前就认字超过1000个，还会英语，会100以内的加减乘除……成为家长教育自家孩子时口中的“别人家的孩子”。而且，生活习惯、行为习惯还很好，很有礼貌。看起来，爷爷奶奶的心血没有白费，D在“正确的道路”上一路狂奔，绝尘而去，别人家的孩子望尘莫及……

可是，随着年龄的增长，D上了初中，慢慢发现自己的老师好像没有多厉害，没有一个是真正能够让自己真心佩服的。

有的普通话差劲、有的行为习惯不好（常常随地吐口水）、有的常常会把课“讲飞了”（即兴发挥的东西太多）、有的上课很随性（随意接打电话）、有的不懂装懂，错了还不承认、有的粉笔字“暴丑，还没我写得好”、有的洒太多香水、有的……反正在他看来，这所学校就没有一个“十全十美”、能让他“真心佩服”的“优秀”老师。

而且，D还在网上参与论坛讨论一些问题。那个论坛据说要用英语，讨论的都是非常“高深”的话题，涉及哲学、物理学、经济等一些非常热门的话题，比如《时间简史》《未来简史》之类的书籍都是他们讨论剩下才在社会上引起热潮的。

关于“如果老师讲错了，我该怎么办”，D曾经与爷爷奶奶谈论过。

爷爷奶奶的意见是：

1. 你知道他讲错了，那就行了。

2. 你可以再查查资料，看看是不是他讲错了，或者，教材上就是这样解释的——也就是说：将来考试可能就会按照老师讲的考。

3. 多方求证之后，如果的确是老师讲错了，你可以跟老师谈谈，看看是不是一时口误。

4. 如果是口误，那就没事。

5. 如果的确是老师讲错了，他还不承认，那就算了，反正你知道就行了……

D也在网上问过这个问题，得到的回答各种各样。

有说“算啦！你知道就行了”的，有说“那就应该找老师拎清楚”的，有说“别找老师，会跟老师结下梁子”的，有说“道理不辩不明，要跟老师讨论清楚，否则，很多同学会得到错误的知识”的……总之，也是不一而足，没有统一的看法。

D经过仔细的思考，觉得还是要跟老师说清楚比较好——自己问心无愧，也能求知求真。

于是，D行动了……

刚开始，老师们还对这个“认真”“好学”的学生满怀好感，认真地讨论和解释，可是后来，慢慢地大家觉得味道变了——每次，D确认是老师讲错了之后（包括口误），他会像得胜的将军一样，志得意满、趾高气扬。而且，如果D没法证明是“老师讲错了”，他是不会罢休的，不管是在课堂上还是在课间，或者老师下节有其他班的课，他都不会让老师走，非得证明老师错了，老师承认错误，他才会罢休。

老师们慢慢对他的观感改变了，通过尝试跟他交流，发现D不管听你说什么，他都会认为是“老师在替自己狡辩”；班主任跟他交流，也没用，经常同样被噎得说不出话。

老师们都觉得：这孩子可惜了！

D 为什么会这样呢？

大概可以从他的养育环境中找到一些因由。

D 的爸爸在世俗的眼光看来，也算成功——能从事自己喜欢的工作，能靠这个养活自己和家人，而且收入还算可以。可是在爷爷奶奶的眼中，D 的爸爸仍是个“失败者”——没有走父母期望的道路就是“失败”。而且爷爷奶奶还因此而责怪自己，认为是自己没有尽到父母的责任，才导致了如今的局面，于是才会有 D 从小就跟随爷爷奶奶生活，接受爷爷奶奶的“栽培”“教育”。

可是，在爷爷奶奶这种“高标准”“严要求”下，D 慢慢形成这种观念：

1. 这个世界上是有一些“唯一”真理的；

2. “真理”不可撼动；

3. 有错就要认，就应该“改正”；

4. 自己有责任去捍卫这些“真理”；

5. 如果每个人都只管自己，不管别人，那这个世界会变得非常糟糕，我们每个人都应该肩负起自己的责任。

其实，D 还有一个“青春期”的问题——随着年龄的增长，D 进入青春期，开始需要确认自我，需要通过“挑战权威”来树立自我。过去，D 的“好孩子”形象是通过老师、家长来确认的，而现在，D 需要变得更加强大。

如何才能变得更加强大呢？

过去已经在“学生”“孩子”的角色中做到最高，没有上升空间了。那么，青春期了，孩子更需要获得同龄人的认可和赞赏。那要如何做呢？

可能就需要通过“挑战权威”，推翻过去的权威人物，获得自己的新身份——“新的权威”，从而在同龄人中获得认同和尊重。

在 D 的心目中，爷爷奶奶是“十全十美”的，是“不可挑战”的，那么就只有学校的老师可以被作为“挑战的对象”。于是，D千方百计地寻找老师的错漏、失误，以证明老师不是“十全十美的”、是可以“挑战的”。

当然，所有这些“想法”并非存在于D的“意识层面”，而是在他的“潜意识层面”。所以，根本不可能跟他在意识层面进行沟通，换句话说就是：讲道理，是没用的！

那怎么做呢？

1. 跟班主任沟通过后，我们达成一致——给D展现自己的机会，满足他确立自我的需求。比如：让D负责班级某一专业性很强/难度很高的工作，D能通过完成任务在同学中获得很高的认同度（通过转换目标，将“挑战人”变成“挑战难事”来获得成功，既能满足D的需求，又能减少人际冲突）。

2. 让他参加学校的团体辅导，在完成团体活动任务的过程中，看到/听到/感受到“原来大家对同一个问题会有不同的看法、解释以及解决的途径”，感受到“这个世界没有所谓的唯一标准/正确道路，解决问题可以有很多方法”——破除“非黑即白”的片面思维模式影响。

3. 同时在活动中看到大家都有能力对自己负责，并不需要别人为其承担。

4. 让D参加学校的“心理剧社”。通过参与心理剧社的活动，如：心理学理论学习，学习剧本撰写技巧，撰写“心理剧”剧本，剧本研讨等，更多地了解“人”、理解“人”，更深地思考人性的复杂性，更多地了解自己周围的“人”的所思所想……

通过一期的时间，各科老师普遍反映“D的情商提高不少”“能更加综合地分析”“不那么‘死心眼’了”……

## 【给家长的建议】

1. 父母的“三观”、行为模式会成为孩子“三观”、行为模式的底色。

民间有俗语，“龙生龙，凤生凤，老鼠生儿会打洞”，讲的其实是一个社会学原理：父母给我们的除了基因，还有生活方式、“三观”等很多模式性的东西。因此，父母会是孩子的“模版”，父母要培养出“别人家的孩子”基本上是不可能的事。我们永远只能培养出“自己家的孩子”，只有别人才能培养出“别人家的孩子”。

所以，当孩子出现问题，不要仅仅看到问题出在孩子身上，就认为是孩子的问题，很可能我们会在家长身上找到根源。同样，改变也不要仅仅从孩子身上入手，不要认为“孩子改正了，就一切问题都解决了”。有时候，孩子“改正了”，可是回到让他“出问题”的家庭环境中，他就不得不“再出问题”，以适应他的家庭环境，否则，他很可能无法存活。因为他的带着问题的行为方式、思想观念很可能正是他多年来为了能在这样的家庭环境中存活下来而逐渐适应出的“最有效”“最佳”“唯一”的方式。

就这个案例而言：

也许D父的“失败”正是对爷爷奶奶的一次“背叛”，从某种程度上说，也是一次“伟大的胜利”——他获得了“自我”，获得了“自由”，成长为“自己想要的样子”，没有完全顺服于父母。这就是对父母长期以来的“严苛要求”的一种反抗，这对于一个“人”而言，是非常难得的成长和“确立”。

当然，从另一个角度讲，D的爸爸是通过“牺牲”自己来获得了“胜利”。

所以，如果父母没那么强势，逼迫得没那么紧，能够跟孩子好好谈谈，了解孩子的需要，倾听孩子的心声，D的爸爸可能会走出另一条道路。

也许那会是一个更能够“皆大欢喜”的结局。

所以，建议家长“每日三省吾身”，经常性地反观自身；当孩子出问题时，能够从更加宏观的视角、从家庭的视角看待和解读，而不要以为抓住孩子，就能解决问题，仅仅跟孩子“较劲”，一味要求孩子调整自己的言行。

2.“儿孙自有儿孙福”，做祖辈的要学会放手。

中国的传统文化，非常重视家族利益。祖辈们常常为自己能够帮助儿女而骄傲，认为自己还有价值。

其实，随着时代的进步，现在的年轻人更加重视孩子的教育，也重视个人生活空间以及隐私、权利等。有时候，祖辈满怀美好的设想，想帮助儿女解决生活中的各种问题。其实在儿女看来，不一定是好事。他们有可能将其解读为祖辈对他们权利的剥夺，对他们能力的怀疑……

当然，如果子女提出了请求，需要祖辈的帮助和支持，那么，祖辈可以量力而行，同时还要看自己是否愿意。如果觉得不情愿，也不要勉强自己。否则，祖辈心不甘情不愿地给予了帮助和支持，心里就可能觉得自己“吃亏了”“是被强迫的”，就希望通过某种方式找回平衡，比如，希望儿女遵循父辈的方式行事，或者认为儿女应该对自己“毕恭毕敬”……这样只会破坏关系，使原本平等的关系变成了“交易”或者“债务关系”，只会导致家庭关系的紧张。

所以，对于祖辈而言，照顾好自己就是对儿女最大的负责，就是最大限度地减轻子女的负担。

## 【给孩子的建议】

1. 祖辈和父辈的问题，应该由他们自己去处理。

也许祖辈或父辈有他们自己的人生遗憾，他们希望能够在我们身上得以实现。

但是，我们每个人的人生首先是自己的，我们能够完成自己的梦想，不负此生，就是很了不起的。因此，不必因为没有帮助父辈或祖辈实现他们的人生梦想，或者弥补他们的人生遗憾而心怀愧疚。

2. 青春期，兼听则明。

古语云“兼听则明，偏信则暗”。尤其是当我们掌握的知识有限、人生阅历不那么丰富时，我们更需要“多听”“多看”“三思”。

青春期，是我们每个人都需要经历的，非常重要，非常特别。

在这段时间里，青少年产生“自我同一性问题”非常正常。

在此期间，我们会强烈地感受到自己的成长、变化、强大，急切地想确认自己已经长大成人，应该得到与成年人一样的“权利”“尊重”，我们需要“像个人一样地活着”。所以，有时候，我们可能会没有耐心听别人的，我们是如此急切地要表达自己，哪儿还有空听别人在那里絮叨。

而且，我们也很怕别人不相信我们，我们必须排除一切会让别人怀疑我们的因素，我们可能会因此而变得“极端”“武断”“非黑即白”……

可是，俗话说：“心急吃不了热豆腐。”

如果我们真心想确立一个“还不错”、不至于沦为“笑话”的形象，我们也许需要更多地听取别人的意见、建议，更多地听取前辈的人生经验分享，更虚心地向我们认为还不错的前辈请教……

“三人行必有我师”，能够千古流传，被奉为中华民族优秀传统文化精髓，大概也不会是一点价值都没有吧。

# 第八节

## 白癜风男孩——
## 偶像般的父亲沉沦之后

E是个高大帅气的男生，走起路来有点痞气，可是很招人喜欢。他一来我的辅导室，就很认真地和我讨论BEYOND、心理电影、哲学问题。

这是要干啥?

再热的天气，他都会把校服穿得整整齐齐。

这很奇怪，不是吗?

终于有一天，他脱下校服，向我展示他的皮肤——小麦色的皮肤上，有星星点点的白色小斑块——他患有“白癜风”。

原来，他其实是为了内心的这个隐忧来找我的，之前的种种讨论都只是对我的试探，目的是了解我是不是一个“合适的”、可以谈论、可以接受他的“白癜风”、接受他的人。

因为他的“白癜风”，同学会有异样的眼光；为了避免种种不必要的困扰，他常年遮盖自己的皮肤，再热的天气都从不穿短袖，总是长衣长裤；为了医治“白癜风”，他跑遍了大江南北，家里也花费了很多钱，可是都没有结果；好像最后得出的结论是：“白癜风”是一种“遗传性疾病”，可是发不发作，却没有一定的规律，而且，“白癜风”好像是“无法医治断根”的疾病。

为此，他很痛苦。

看着眼前这个高大帅气的男孩，真是很讨人喜欢，可是他却说自己从来不会跟班上的同学深交，因为怕他们知道自己有“白癜风”之后，因“害怕”自己而远离……

他常常感到很孤独，觉得世界很冷漠……

慢慢地，我们的话题从他的疾病延伸到他的成长史。

在他慢慢展开的成长史中，我看到了一个男孩的艰难成长。

E的父亲曾是家族的荣耀、E的灯塔、家庭的依靠。

父亲是一名军人，而且坐到很高职位，每次休假返乡，家族里的所有长辈都会前来探望，家族里的小孩子，甚至坊间的小孩子都会因为E有这样的爸爸而艳羡不已。E也会因此而得到很多的“关照”，受到很多人的“青眼相待”。总之，小时候，E生活得很幸福，很快乐，像个“贵族子弟”。

可是爸爸却一点都不溺爱E，他要把E培养成“男子汉”。

小时候的E很瘦弱，在学校常常受同学欺负，每次打不赢，E就会回家哭。有时候，爸爸正好在家，E多希望爸爸能带自己去找那几个小孩“算账”，可是爸爸却说：哭什么！男人就要“自己的问题自己解决”。

E听到这些，内心是“崩溃”的。

“爸爸是不是嫌弃我给他丢脸了？爸爸是不是觉得我太弱了，不配做他的儿子？爸爸在家族里、在乡里坊间得到这么高的尊重，而我却是个‘不能解决自己的问题’的‘窝囊废’……”

E受到双重打击，一则来自同学的欺负，一则来自父亲的“忽视”“嫌弃”……

有一次，同学把E堵在路上，把E打得灰头土脸、嘴角流血……正好，E的爸爸从旁路过，E满眼期望地望着爸爸，希望爸爸给予帮助和支持，至少能够过来过问一下，阻止事态恶化。可是，爸爸撂下了一句话，扬长而去。

爸爸说的是：“打不赢，别回来！”

那天，E感到无比绝望、愤怒。

那天，E把那4个比他壮的男生打得求饶。

从此，再没有人敢欺负E。

“其实，我现在想起来，爸爸那样做是对的。要不然，我一直都不能自己保护自己。永远都不能长成个‘男子汉’。”

可是，E这样说的时候，眼里是落寞的。

后来，初中时，不知为什么E突然开始发胖，初中男生160厘米的个子，体重达到160斤。胖得不成样子，连自己都开始嫌弃自己。而且，自从小学那次“一战成名”，就没有人敢轻视自己、没人敢动自己，自己学习也一般，不怎么用心，在班上就成了“没人管”“可有可无”的存在。

有一次，E在家里翻东西，偶然在妈妈平时会上锁的一个抽屉里翻出了爸爸妈妈的“离婚证”——原来爸爸妈妈早就离婚了。

仔细回想起来，爸爸好像已经很久没有回过家了。

E开始仔细回忆：

爸爸复员回家后，开始是在一家公司里做高管，每月收入颇丰，家里很快购置了很多很高档的东西。后来好像爸爸开始迷上赌博。据妈妈说，是因为有人设局。后来爸爸挪用公司的钱，不久后，爸爸从那家公司离职。再后来，爸爸沦落到在一所私立高校做“住管”——住校生寝室管理员。

“爸爸那么骄傲的人……”E的眼里泛起泪光，说不下去。

好像，爸爸妈妈就是那段时间离的婚。

“而且，爸爸和妈妈离婚，将债务转给了妈妈。那些收账的人经常半夜三更来敲家门……”E说这些的时候，眼里满是迷惑、不解。

“他不是说：男人就要‘自己的问题自己解决’吗？为什么要把自己的债务转给我妈？我妈，一个女人，有什么能力还几十万的债务？！”E这样说的时候，眼里满是泪，还有不解和愤怒。

“初三毕业那年，我和一个好朋友一起到玻璃厂打工挣钱，我们主要就是把玻璃厂收的废玻璃砸碎。

“一个暑假，我们就光着膀子在烈日下砸玻璃。身上的皮都晒裂了。

“玻璃厂的老板都夸我们，一同去的十几个学生，有些还是大学生，都没我们舍得干。

“每次，我们躺在草地上看夕阳晚霞时，心里就好满足。

“一个暑假下来，我就瘦了几十斤，恢复了正常的体重，还长高了一些，皮肤也晒黑了，看起来很健康。”

说到这里，E脸上扬起自信和骄傲。

“初中的时候，我偶然听到BEYOND的音乐，了解到香港的黄家驹，开始疯狂地迷恋摇滚，还自己组了一支乐队，在学校的文艺演出中表演过，很受欢迎。

“上高中了，我开始喜欢拳击。开始是观看视频。偶然一个机会，进入一家聊天室，在里面聊天，后来，还撰写论文，在很高端、很专业的期刊上发表了。再后来，我自己就开始练习拳击，还将自己的练习视频上传到网上，这也引起了国内一家拳击俱乐部老总的关注，他还邀请我去他的俱乐部练拳、当拳手。”

说到这些，E就像是一个获得表扬的幼儿园小朋友，满脸阳光和自信，那种骄傲溢于言表。

“不知道什么时候，我的皮肤上开始出现一个个像米粒大小的‘白点’，开始我也没在意，后来，这些‘白点’不断增多，面积不断长大，最后，就成了‘白癜风’。

“刚开始，我就在附近看医生，没什么用，又到省城大医院去看，吃了很多药，抹了很多药，都没什么用。

“我妈也陪我去过外省看那些知名的专家，都没什么用。我自己也在网上查询过不少信息。好像冯小刚也得了这个病，不过，最近看他的新闻，他的皮肤颜色已经恢复正常。也许是化了妆。还有迈克尔·杰克逊好像也是因为得了这个病才开始漂白皮肤的。

“不过，他们都是有钱人。

“听说还可以做什么‘基因疗法’，不过那会花很多钱。

“我妈没那么多钱。

“现在，高三了，面临高考，自己想将来读幼教专业，去幼儿园教那些天真无邪的小孩子。去保护他们，照顾他们，使他们健康成长。

“可是，自己的‘白癜风’会不会影响自己的高考录取？

“要是自己的‘白癜风’一直不会好转，幼儿园的小朋友会不会害怕，会不会被吓到？”

……

原来，促使E来找我的近期诱因是这个焦虑。

从 E 的成长史来看，E 的爸爸曾经是他成长中最重要的榜样：

军人——给人以值得信任、可以托付的感觉，而且爸爸的这份职业也给家庭带来荣耀。这在 E 幼年时是非常重要的精神力量。

后来的成长中，爸爸对“挨打事件”的处理，可以说是一把双刃剑，一方面，促使 E 学会坚强和自我保护，同时，也让 E 感受到某种程度的“拒绝”“冷漠”，给 E 造成了一定的伤害，使 E 开始怀疑“自己是不是不配做父亲的儿子”。

这对一个小男孩而言，是非常致命的。因为，男孩最终会成长为“像爸爸一样的男人”，可是“来自爸爸的拒绝和否定”就意味着，“自己是不是配得上自己的出身”，是对“自己出身合理性的一种质疑”。有些人可能因此而更加努力去证明自己是“配得上”的，可能因此而取得很大的成就；有的人却可能因此一生都充满自我怀疑与自我否定，始终扮演一个“失败者”的角色，从而证明“爸爸的质疑是对的，我不配做爸爸的儿子”。但是无论哪种，这种“曾被父亲质疑过的儿子”都会在某些时刻自我怀疑，无论他取得了多大的成就。

后来，爸爸欠下巨额赌债，通过离婚来逃避责任，这些行为都造成“军人爸爸”人设的崩塌。

对于 E 而言，那个曾让他骄傲、让他仰视、让他奉为神明的爸爸，彻底崩溃。

这怎么能是那个说“男人就要‘自己的问题自己解决’”的“军人爸爸”可以做出的事？！

就连一般男人做出这种事，都会被人鄙视、唾弃，这怎么能是那个令自己骄傲、倍感荣耀的“军人爸爸”可以做出的事？！

这种类似“信仰崩塌”的打击，使 E 在精神上突然失去榜样和方向。

这些可能与他罹患“白癜风”存在某种尚待确定的联系（“白癜风”发病与精神因素也存在一定的相关性。当然，我们还可以做进一步的假设，也许 E 患“白癜风”这种疾病，具有某种隐晦的寓意——“见不得人”；虽不致命，却会让人鄙视；像是某种耻辱的标志——自己是“这个人的儿子”。当然，这都有待进一步的证据加以证明）。

所以，也许 E 想将来读幼教，去幼儿园教那些天真无邪的小孩子，去保护那些幼小、“没有受过污染”（E 原话）的小孩子，在某种程度上是对自己的“补偿”——因为自己没有这样一个“好爸爸”，那么自己就努力去做一个“好爸爸”，去照顾别的小孩子，使他们不遭受和自己一样的“不幸”。

当然，E 的各种尝试，例如：玩摇滚、练拳击、暑假到玻璃厂砸玻璃，可能都是对自己的一种找寻和验证，希望成为一个“有责任”“有担当”“有能力”“有力量”的“男子汉”，是值得托付、可以信任的。

## 【给家长的建议】

1. 给孩子一个真实的榜样。

无论男孩女孩，其成长过程中都需要榜样。

一般情况下，男孩会把爸爸作为自己的榜样，希望自己成长为像爸爸一样的男子汉；女孩会将妈妈作为榜样，希望自己成长为如妈妈一样的女人，同时会将异性父母作为自己未来伴侣的模板印刻进自己的生命里，很大程度上，人们会寻找跟自己的异性父母相似的人作为自己的伴侣。所以，民间会有“不是一家人不进一家门”的说法。

而如果父母给自己孩子的“榜样”太不真实，或者说，反差太大，可能会让孩子无所适从。

就如同这个案例中的“军人爸爸”一样。

刚开始，形象非常的“伟光正”，可是后来，却突然“人设崩塌”，变得非常“猥琐不堪”，“没责任感”“没担当”，这会让任何人都无法接受。

当然，也许这里面有具体的问题是外人所不知道的。

但是，无论何时，孩子都生活在父母的身边，时时刻刻在观察父母的行为、效仿父母的行为。如果不给孩子一个他能够明白和理解的解释，那么孩子是无法理解和接受的。孩子要么就会很崩溃，要么就会“认同”父母的这种行为，在自己以后的生活中遇到相似的情景时，就会采取相似的模式应对。

所以，人无完人。关键是“真实”，让孩子看到“真实的父母”。

但这绝不是要将许多的“不堪”赤裸裸地呈现在孩子面前，而是要让孩子一方面了解“真相”，一方面仍然相信“真善美”。

比如这个案例中，E 的父母可以让孩子更多地了解自己的生活、人生态度、处理问题的思路，让孩子看到父母在如何积极地解决问题，而不是仅仅看到“好像父亲就是个推卸责任的混蛋”，是个“说一套做一套的伪君子”……据后来了解，E 的爸爸虽然在做“住管”，也每个月将一定的钱汇给 E 的妈妈，让她还账。

其实，生活既有阳光灿烂，也有晦暗阴雨，我们呈现给孩子的应该是全部，而我们可以强调的是“生活中充满各种可能，我们都要有勇气去面对，去承担属于自己的责任”。

2. 无论怎样，都不要从孩子的世界里消失。

不管是因为任何原因，离婚也好、工作原因也好，父母任何一方都不要从孩子的世界消失。

孩子的成长任何时候都需要榜样和陪伴。孩子是通过观察父母来学习如何在这个世界上生活的。那些留守的孩子、缺少父母关注的孩子，他们能够获得的榜样教育少得可怜，或者只能从影视、网络上去获得。要知道，文艺作品来源于生活，却不等于生活本身。孩子们在那里无法获知生活的真相，得到的往往是一鳞半爪，或者过分夸张的表达。

所以，无论什么原因，都不要从孩子的世界消失。实在无法经常性地出现，也可以通过各种媒介进行频繁、深入的沟通，使孩子和父母之间的情感链条不致断裂。

3. 用情感养育孩子。

巴金说过：人不是光靠米活着的。

著名的“恒河猴”实验也说明：连小猴子都会选择有抚慰作用的“绒布猴妈妈”，而不会选择仅仅有奶的“铁丝猴妈妈”。

那么人呢?

个案中的“军人爸爸”也许有太多的“军人做派”——说得少，做得多;用行动说话……

可是，孩子是需要语言的，是需要情感的。孩子是经验不足的人，父母有时候不讲明，孩子就真的无法理解、不能接受。

也许，“军人爸爸”在“挨打事件”之后应该给孩子一个机会，和孩子深入地谈谈自己是怎么思考这件事的;或者，事后就简单地鼓励一下孩子——“你看！你是可以自己解决问题的。我就知道你可以！我一直相信你！……”这些话语都能够给孩子一个肯定，使孩子明白地感受到来自父亲的肯定和接纳以及爸爸的期许。孩子就会得到莫大的鼓舞，从而自信心得到极大的增强。

无论何时，在情感上支持鼓励孩子，使孩子有可能成为“精神强大”“情感富足”的人，这远比留给孩子物质财富来得重要。

## 【给孩子的建议】

1. 接受真实的父母。

我们都是平凡的普通人，我们的父母也是。

我们都有人性的高尚，也就会有人性的渺小。

小时候，我们会觉得爸爸妈妈就是全世界最伟大的人，没有他们解决不了的事。可是在后来的成长中，我们开始慢慢发现，父母也有很多不足，甚至有不少我们非常“瞧不起”的地方。

可是，这就是真正的人啊。

我们将来也会有要面对自己的“无能”“软弱”的一天，那时我们会发现，父母所做的选择也许是他能够做出的“最好的选择”。

所以，接受“父母的全部”，而不是只接受父母“好的”“让自己满意的”部分。

当然，这并不是说，无论父母做得如何都要点赞，而是要对父母的行为加以甄别，学习他们做得好的部分，对可以有不同选择的部分谨慎地尝试、不断地总结，使自己有机会成为“站在巨人肩上的人”。

2. 尽可能地去了解父母。

每个人都是复杂的，我们是，我们的父母也是。

而且很可能每个人在不同的人面前呈现的面貌会不同，同时，不同的人也会对相同的呈现给予不同的解读。所以，尽量去了解父母，多渠道了解父母，也许才能真正了解一个人，而这个人对我们至关重要。

有部纪录片叫《客从何处来》，主要是寻访名人的家族历史。我们可以看到，很多人在更多地了解自己的父母、先祖，从多渠道了解那些只存在于只言片语、模糊的照片里的人时，都热泪盈眶。因为，那是更加深刻地理解了自己的父母先祖，更加真切地了解了自己的由来、更加深入地体会到“人”的不容易……

那时候，流下的热泪是来自对生命的敬畏、对“人”的理解。

希望我们每个人都可以有机会去了解那个对我们至关重要又影响深刻的人，了解他，从而更好地与他相处。在与他的相处中，获得宝贵的生命的、家族的、血脉的联结和支持。

3. 给予父母基本的尊重。

很多时候，我们轻慢一个人，只是为了彰显我们自己的优越感。

可能我们瞧不起“环卫工人”，仅仅因为我们自己觉得在从事“更高级”的工作；我们瞧不起“小商小贩”，也许仅仅因为我们觉得自己不会“锱铢必较”。可是，当我们看到他们不为人知的一面时，我们又可能会为自己的“狭隘”而感到羞愧。

作为孩子，很多时候，我们会通过否定父母来彰显自己的“长大”“成熟”。也许当我们真正了解到父母更多的层面、更多不为我们所知晓的部分，我们才会真正了解这个“真实的人”。

所以，给予父母基本的尊重，就如同尊重这世上的所有其他“陌生人”一样，给予他们对人的“基本尊重”，不要妄自轻慢他们，不要做让自己看起来很 low、很蠢的事。

# 第九节

## 妈妈，请不要伤害我——被虐待的孩子

G是个美人胚子，小巧的脸，精致的五官，灵动的眼睛，比例合适的身材，一副我见犹怜的样子，相信任何男生见了都会好感顿生。

她来到我的办公室，是她妈妈强烈要求的，班主任说：G妈妈强烈要求学校的心理老师给她孩子做一下心理辅导，把她“扭转过来，让她好好学习，不要去学那些坏孩子的样子”……

是什么样的妈妈会认为自己的孩子是需要学校心理老师通过做心理辅导来“扭转”的？

G坐在我面前，一副小心翼翼的样子，不知道我要做什么，不时抬眼看我一下，随即垂下眼帘。

“你为什么会来到这里，你知道吗？”我温和地问。

G抬眼望着我：“知道，希望我学好，不要叛逆，好好做人。”

怎样的孩子会说出这样的话？

“谁认为你需要‘学好’‘不叛逆’‘好好做人’？”

G诧异地望着我，似乎没想到会有人这样问，似乎在她的世界里所有人都认为她“是个坏孩子，需要被改造”。

“我妈妈！”她几乎是脱口而出。

“那你能给我讲讲你的妈妈吗？”

“我妈妈？”她很奇怪地望着我。

G小心地用眼睛寻找答案，那眼神好像在问：不是应该说我吗？有问题的不是我吗？该接受教育的不是我吗？

当她看到我真诚地望着她，期待着她，她迅速地低下眼睑，将眼睛转到别处，又旋即再次望向我，似乎要再次确认。

我认真地点点头。

G很小的时候妈妈就和爸爸离婚了。G跟着妈妈，妈妈好像一直没有什么工作，但是每天都会在外面打牌，还有一群和妈妈差不多的“闺密”。

后来，妈妈交往过几个“男朋友”，都带回家住过，但是从没有结过婚。

妈妈会抽烟、喝酒，会和“闺密们”一起玩到半夜才回家，也可能会通宵不回家。

有时候，G等妈妈回家，会在沙发上睡着。等到天都亮了，还不见妈妈的踪迹，就只好自己默默地去上学。

有时候，放学回家，可能看到妈妈醉倒在沙发上，一片狼藉。

有时候，妈妈会抱着G哭，说自己这些年多不容易，要养活G，要给G一个好生活，在过着自己都不喜欢的生活。

每当此时，G就会觉得妈妈很爱自己，为自己做出了很大的牺牲，而自己好像是妈妈痛苦生活的根源，要不是因为自己，妈妈就不会过着这种她自己都厌弃的生活，自己就是个累赘、包袱，就是个麻烦……

可是妈妈经常不在家。

妈妈会在家放一些钱，要是她没有回家做饭，G就会拿着这些钱去买些吃的。

有时候，妈妈会让G去买些烟或酒之类的东西。

刚开始，G会觉得很不舒服，觉得别人会用异样的眼光看自己，就像自己做了不好的事。G会低着头，小步快跑回家。

有一次，G在买烟的时候，旁边有个小姐姐，很用心地看着G，还和G搭话，问了很多G的事。G觉得很紧张，赶紧跑回家。

后来，基本每次去买烟，G都会遇到那个小姐姐。那个小姐姐有时候还会亲自去给G拿烟，对G很亲切的样子。慢慢地，G和那个小姐姐熟起来，知道原来小姐姐是老板的女儿，已经没有读书了，在家帮忙。

后来，妈妈不在家时，G就会找小姐姐，和小姐姐聊天，小姐姐会跟G讲很多“社会上的事”，也会告诉G“要好好学习”。G觉得很温暖。

有一次，G正跟小姐姐聊得热火朝天，突然妈妈出现了。妈妈看到G跟一个“混社会”的人在一起，就跟小姐姐理论，让她离G远点，警告她，G还在读书，别把G“带坏了”。

G觉得很丢脸，替妈妈丢脸。

回家后，妈妈就盘问了G很久，就是不相信G“只是因为去买烟才认识的”“平时也没有什么太多的往来”“小姐姐还会劝G好好读书”之类的。

妈妈就大肆地辱骂G，说她不学好，说她就会跟着那些坏人“鬼混”，将来长大就是“婊子”。说着说着，还用手劈头盖脸地打G，用手掐G的嘴，说她撒谎……

从那以后，妈妈就把G当成说谎的坏小孩，在她自己的“闺密圈”里说G让她操了多少心，说她“偷钱”“抽烟”“喝酒”“到处耍朋友”……“闺密们”就来“教育”G，让她要听妈妈的话，要懂得感恩，要孝顺妈妈……

G觉得很委屈，跟“阿姨们”解释，有的会听，然后跟G说：不管怎样，妈妈都很不容易，要G多体谅妈妈；有的就没那么有耐心，直接跟G说：别那么没良心，妈妈很不容易，G应该好好地听话，别惹妈妈生气……

G觉得真是无处申冤，自己哪有做那些“坏事”。再说，妈妈自己不也“抽烟”“喝酒”吗？至于“偷钱”，那次是因为妈妈好久都没在家出现，妈妈给的钱早就用光了，自己就从妈妈平时放钱的“箱子”里拿了一些钱去买吃的，原想着，等妈妈回来跟妈妈说。可是连着好几天，要么妈妈不在，要么就是烂醉。然后有一天，当自己放学回家，一开门，就被妈妈揪着脸提溜进门，劈脸就是大嘴巴，一边打一边骂自己是“贼”、是“烂货”、是“养不熟的白眼狼”……根本不听自己解释，怎么说她都不听，她就只问：“你有没有偷钱？你偷钱之前跟我说过了吗？”

“我哪有机会跟她说？”G抬起满是泪水的眼睛。

“我其实没有耍朋友，老师，你信吗？”G满是期待地望着我。

那些朋友都是QQ上认识的，他们都不是坏人，他们很关心我，我们只是有时候会聊聊天，说说话。有几个是见过面，但是他们都没有对我做什么，我们只是见个面，一起吃点东西，一起逛逛街。可能正好被妈妈的“闺密”看见了，就跟妈妈说了。妈妈就回家打我，说我“贱货”“到处耍朋友”，给她丢脸……

我妈妈还说，要是我再不改好，就把我送去那种“学校”学习，要把我“改造好”。

“老师，你知道那种‘学校’吗？据说，那种学校会关禁闭、会不给饭吃、会让学生相互打，直到学生改好，重新做人。”G的眼里有不安和恐惧。

在G描述的生活和成长历程中，妈妈对G的成长造成了很大的伤害，可是，G的妈妈究竟承受着什么，G的妈妈有着怎样的人生经历和世界观，我们也不曾了解。而正是这些我们不曾了解的部分塑造着G的妈妈，影响着G的妈妈采用怎样的方式对待G。

从G的描述中，我们得到的妈妈的画像是：没有正当职业，收入不稳定，生活不规律、不稳定，亲密关系混乱、不稳定，精神压力大、生活压力大，单亲母亲，可能患有情绪障碍或者人格障碍。

也许，我们仅从G的视角来描画G的妈妈，可能不够“全面”“客观”，但是，每个人的内心世界从来都不是“客观”“全面”“公正”的。我们都是“戴着有色眼镜”看世界，世界在我们每个人眼中都有不同程度的“歪曲”“变形”。

而且，问题的关键从来都不是“真相”是什么，而是“你为什么会看到/感受到这些？”“这样的感受/想法对你自己造成了怎样的影响？”

可以确定的是：G目前处于受到身体虐待、情感虐待的环境之中，身上有明显的伤痕。

鉴于G家庭的具体情况：父母离异，父亲不知所踪，没有其他近亲属，G由母亲一人抚养。我们约G的母亲到校面谈。

G的妈妈自称已经40多岁，可是，看起来只有20多岁的样子，而且衣着、首饰、妆容非常精致，保养得很好，皮肤自然白皙，眼角没有皱纹，真是个精致的美人，难怪G长得那么好看，是遗传了妈妈的美貌。

G的妈妈侃侃而谈，简单讲述了自己的情况，和G讲述的基本一致。然后就是对G的种种“恶行”的历数和声讨，并表示自己对孩子的“恶行”所付出的努力收效甚微，自己的伤心、失望，同时承认，也许自己也有问题，可能自己也需要心理辅导的帮助。

我们接着她的话头，首先肯定了她作为单亲母亲的艰辛和付出，接着陈述了这种生活的压力和精神的压力可能会对个人的身心健康都造成一定的威胁，然后谨慎地表达了对G身上出现的伤痕的关注，并提出，我们诚挚地邀请她来参加家长互助小组活动，在小组活动中相互借鉴子女教育的方法，获得相互支持和关心，构建积极的社会支持系统。

G的妈妈后来断断续续地来参加过几次家长互助小组的活动。刚开始，G的妈妈在小组活动时，又向其他家长讲述G的“恶行恶状”，后来在家长小组带领老师的引导下，在小组的团体动力中，逐步学习改变自身的行为模式。

我们给G提供长期的心理辅导服务，帮助她整理自己，重新构建积极的自我认知。经过两年多的心理辅导，G的状况得到改善。

**【给家长的建议】**

1. 整理好自己的生活，我们不是为了孩子而生活，孩子也不是我们的借口。

也许我们每个人都会有一些不得已、有些不足为外人道的艰辛，但这就是生活。我们要对自己负责，选择并承担相应的责任。也许，我们的确因为孩子而付出了很多，甚至做出了牺牲，但是，这也是“我们”的选择，不是孩子“逼迫”我们做出的选择。所以，我们也应承担相应的责任，而不能将其算到孩子头上，认为是“自己为了孩子而做出的牺牲和奉献”，因此，“孩子就应该承担另外的一些‘压力’或者‘道德’‘责任’的压力”，或者认为“孩子应该成为自己纾解‘压力’的出口（孩子应该成为自己不顺心时的‘出气桶’）”。

所以，做父母的，要有自己健康的亲密关系和社会支持体系，当自己承受太多压力需要纾解时，我们可以有除了“朝孩子发火”（虐待孩子）之外更多、更好、更健康、更有效、更积极、更具建设性的方式和途径。

我们可以培养一些有益身心的休闲方式，比如：钓鱼、琴棋书画、刺绣、手工、木工等，各种陶冶性情、有益身心健康、能够结交朋友的方式都可以尝试。

2. 积极寻找家族、亲友的支持和帮助。

生活原本不易，离异、单亲的生活更是充满各种挑战和具体的困难。我们都不是超人，我们都有自己的极限。当我们无法独立承担时，寻找家族、亲友的支持和帮助并不可耻，也不丢人。能够看清自己的极限，能够承认自己的局限与不足，才是真正的勇敢。

也许，离异会让我们觉得自尊受损，觉得自己是“失败者”，甚至觉得自己是“不完整的人”，没有“完整的人生”。但是，古语有云：人有悲欢离合，月有阴晴圆缺，此事古难全。不要被一些错误的观念影响和左右自己的行为，使自己获得帮助的机会丢失，使自己陷于困境而不愿自拔。

当我们真的应接不暇，需要帮助时，勇敢地向家族、亲友表达自己的需要。

3. 必要时，寻求专业的心理服务。

当身边的亲戚朋友等社会支持系统都被调动、使用之后，仍没有解决自己的问题，那我们可以尝试通过寻求专业的心理服务的方式来帮助自己。任何时候，都不要放弃自己，放弃对自己的帮助。

## 【给孩子的建议】

1. 离婚不是父母的错，也不是我们的，但是需要我们和父母一起面对。

当父母的婚姻出现困难，如果他们真的觉得分开会是比较好的选择，我们不要为此而责怪父母使我们失去了完整的家庭，使我们丢脸；也不要归咎于自己，认为如果我们做点什么或者做得更好，父母就不会离婚。

婚姻也许不在了，但是父母永远是自己的血亲，这是不会改变的。家庭也许会转变一种形式，但是，我们一样可以健康地成长，与我们身边的任何人一样。

当然，生活发生了改变，这是不容否认的事，那我们就和父母一起面对新的生活方式。

人生总是充满各种挑战和奇遇。面对各种未知，我们可以选择拒绝、恐惧、彷徨，我们也可选择勇敢地面对。

谁知道那扇新开启的门背后会是怎样的新世界？

2. 建立自己的支持体系，强健自己，给予父母自己的支持。

家庭成员之间就是一种密切的情感关系，我们相互帮助、支撑，当然，也会有相互的拉扯和角力。我们来自家庭，在家庭中获得力量，在家庭中成长，但我们也会走出家庭。有时候，我们也需要在家庭之外建立自己的支持体系，也许是事业、也许是某种兴趣爱好、也许是某些家庭成员之外的人、也许是某种理想信念，都可以，只要能给我们提供支持、力量，可以使我们在苦难面前不至于一蹶不振的都行。

而且，只有当房屋不止一个立柱可以提供支撑时，房屋才会更加牢固。我们的家庭也是，只有当我们每一个成员都可以为家庭提供支持时，我们的家庭才能源源不断地为我们每一个家庭成员提供力量、支持。

不要因为我们是孩子，就觉得我们没有力量支撑家人。我们每一个人都是一个小宇宙，我们每一个家庭成员都可以彼此支撑、帮助。

# 第十节

## 妖怪？贵族？——有生理缺陷的孩子

H是个白化病患者。

他是因为和最好的朋友之间发生矛盾冲突，而过来的。

坐在辅导室里的他，在阳光下，浑身雪白——皮肤、毛发，甚至连睫毛和眉毛都是白的，给人一种“神秘”“高贵”“柔弱”“需要保护”的感觉。

可是，他的眼睛却是粉红色的，瞳孔还发红，这还真的有些让人心生恐惧，不敢直视、不敢久视。

也许，是他身上的这种“神秘”“高贵”和“令人心生恐惧”的混合气质，让人不由自主地想将视线转开。

他问，因为眼睛惧光，能不能戴着墨镜和我说话。

我同意后，他戴上了墨镜。那是一副质量很好的墨镜。

眼前这个“浑身雪白”“戴着墨镜”的“来访者”……

这还真是绝无仅有的经验。

“老师，你怕我吗？”他透过墨镜注视着我——我猜他是在注视我，因为墨镜阻止我看到他的视线落在何处。

还真是第一次有来访的学生问我“我害不害怕他”。

不过，怎么回答呢？

讲真的，我心里感受很复杂：

因为第一次有这样“不同寻常”的来访学生，我的体验和感受也是新鲜的；对于他为什么而来，在他身上究竟发生了什么故事，我是好奇的……

“你好奇自己给别人的印象，你担心别人害怕你吗？”

他听完我的“回复”，似乎松了一口气，向后仰靠过去，开始把自己的手摊开，翻过去掉过来地看，好像要从手上找到答案一样。

长久的沉默。

过了很久，他突然把手伸过来，伸到我面前：“老师，你看看我的手。”他望着我，我也望着他，“老师，你可以摸摸我吗？”

一般，在辅导关系里，我们是会避免跟来访者有身体接触的。

可是，他为什么要我摸他呢？

——需要确认，我是接纳他的？

——需要确认，我并不害怕他？

——需要确认，我会将他视作跟我一样的人？

……

一切都是我的猜测，他怎么想的，只有问他。

“你需要我触摸你，这对于你而言，有什么特别的含义吗？”

他收回手：“老师，你是怕我吗？”

“你很担心，别人会拒绝你吗？”

他又把手伸过来，固执地伸到我面前，我可以很明确地感受到他在注视着我。

“如果，我没有同意，你会怎么想？”

“总之你还是不肯摸我。”他收回手，低下头。

“那么，如果我同意了，这对你而言，又意味着什么呢？”

“自然会不一样。”

“你能具体说说吗？”

他抬起头，明显是在看着我。

H一出生就是明显的白化病患者，一家人带着欣喜和悲哀，迎接他的出生。

从记事起，H就能感受到自己与周围的小伙伴不一样。小伙伴们会被他们的家长拉着离他远远的。

他问父母，“为什么昨天还跟自己玩得很好的小伙伴，今天就不理我了”。妈妈就会哭泣，爸爸就会闷声不响。

后来，H不止一次听到父母关上房门在里面争吵。

H就静静地站在门口，侧耳细听，他们在吵什么。

每次，父母打开门，就会像没事人一样。

后来有段时间，父母脸上有了久违的笑容。吃饭的时候，爸爸还常常夹菜给妈妈。两个人都很高兴。

H也会情不自禁地高兴，为父母的和睦，为他们脸上的笑容……

H听说，家里很快就会有个小弟弟或者小妹妹了。H虽然有点不高兴，但是，看到爸爸妈妈都很高兴，H也就努力让自己高兴起来，因为，爸爸妈妈好久都没有笑容了……

妈妈外出了一段时间。过了好久，妈妈终于回来了，可是她消瘦了很多，也没有带回“传说中的弟弟或者妹妹”。

H很高兴，因为自己仍然是爸爸妈妈唯一的孩子，他们不会将爱分给其他人，虽然那是自己的弟弟或者妹妹。

可是，妈妈的脸上再没了笑容。

家里的气氛，阴沉到极点。

后来，爸爸就没有再回过家。

那时，小小的H不知道发生了什么。只觉得家里就像没有光一样，只有大人的影子，拉得很长，在家里晃动、撕扯……最后，大人的影子都不见了，只剩下自己，团着身子，抱着膝，坐在墙角……

后来，H就跟着外婆生活。

有时候，H问外婆，爸爸妈妈什么时候来看自己？

外婆就会说：很快啦，等H上小学，爸爸妈妈就来看H了。

后来，H上小学了，盼望着爸爸妈妈来看自己。外婆就说：快啦，H考到好成绩，爸爸妈妈就来看H了。

过了一个个春秋，H渐渐地不再问外婆“爸爸妈妈什么时候来看自己”了。在H心里已经有了答案——爸爸妈妈再不会来看自己了，他们不要自己了。

夏天，在院子里乘凉时，外婆会一边给H摇扇，一边讲一些故事。有一次外婆讲了一个外国故事：

从前，有个公主，生得很漂亮，国王和王后都舍不得她远嫁，国王和王后就将公主嫁给了自己的侄儿、公主的堂兄——王国的公爵。公主和公爵很幸福，公主后来生了个儿子，血统非常高贵，可惜的是，孩子一生下来就是浑身雪白，连头发和睫毛都是雪白的……

讲这个故事的时候，外婆很温柔地抚摸着H头上的白发，将它们按照原本的纹路整理得很整齐，让H看起来很漂亮。

H就温顺地伏在外婆膝头，想着自己的心事。

从小，H就独自一人上学放学。没有人愿意跟他一路，他也不在意。

谁稀罕？！

有时候，会有小孩子躲在街角，看他经过，就尖叫着一哄而散，弄得他待在原地半天。有时候，会有胆大的小孩子朝他扔石头，大叫“妖怪！”。有时，H会张牙舞爪地去追赶那些小孩子，有时候，H会捡起地上的石头掷回去……一切都看H当天的心情。

在班上，H因为视力有问题，坐在前排。有时候，他的椅子上会被涂上墨水，会被弄得一身墨迹；有时候，会被莫名其妙的废纸团砸中……

老师在班上讲过几次，同学间要相互友爱，让大家不要欺负残疾人……

“残疾人？哼！残疾人！”

后来，上初中了，到了新的学校，刚开始，还是有人会欺负H。后来，慢慢地不知为什么，就没人欺负他了。H还以为是因为大家渐渐失去了对他的兴趣。可是有一次，在他回家的路上，他偶然看到同班的Z和几个男生打成一团。他原本想视而不见从旁经过的，可是突然听到其中一个男生大叫：“Z，你算了吧！别人根本不知道你在为他打架。你是不是喜欢他？”话还没说完，那个男生就被Z死命地压在地上，嘴啃地，说不出话来。其他男生就在周围死命地踢Z。

H什么都明白了。

他愣了一会儿。从旁边的垃圾桶里抽出一根日光灯管，抡圆就朝一个正好背对自己的男生头上砸去……

从此后，H就和Z形影不离，不管别人怎么传他们是什么关系。

和Z在一起，他们也很少说什么，也从没有谈到H的白化病。

“就像老夫老妻一样。我们很默契，没有废话。”

H和Z一起读书，一起上了高中。

后来，Z有了女朋友。

H就觉得怪怪的，三个人一起，十分别扭。

Z的女朋友对H的白化病好像很不能接受，经常露出“害怕”“嫌弃”的神情。

Z夹在中间，有时候，像“无感”，有时候，又好像“很为难”。

H很难过。

考虑了很久，H和Z莫名其妙地吵了一架，然后分开了。

可是，H心里非常难受。

他恨自己的白化病，使自己被父母嫌弃，使自己被父母抛弃；他恨父母，自己的白化病是他们遗传给自己的，他们却抛弃了自己，他们是世界上最无情、最可恶、最坏的人；他恨一切欺负过他的人；他恨大众的愚昧，对白化病的无知和恐惧；他恨Z的女朋友，是她夺走了Z，自己唯一的朋友……

他恨自己，像个妖怪，浑身都是白的，怕光，视力不好……就像西方的吸血鬼！

H在网上搜寻各种关于白化病的资料，进而搜寻吸血鬼、狼人等传说中的怪异生物，然后看了很多相关的影视作品、文学作品。

慢慢地，H觉得自己是“高贵的”，是身边那些平庸的凡夫俗子根本无法理解的存在……

可是，H心里还是很在意Z，一直在默默关注Z的一切，关注Z和他女朋友的分分合合……当看到Z的女朋友“花式开作”，折腾Z时，H的心里就又气又急，愤怒占据他的整个心灵。可是，自己又算什么呢？！

只能默默走开……

H面对的是几重问题：

其一，自己的疾病——白化病，无药可治，还会遗传。不仅影响着H自身目前的健康、学习、生活，还会给他的未来生活埋下很多隐忧，包括：接受教育、就业、婚姻、生育等。

其二，父母的抛弃（重要人和关系的丧失）——白化病，是来自父母的基因，可是 H 却成了“替罪羊”，承担一切，这对 H 是很不公平的。父母的抛弃是从根本上质疑 H 存在于这个世界的合理性。

其三，父母的婚姻破裂——虽然这本是父母之间的事，但是正是由于父母的基因注定会生出白化病的后代，或者至少是白化病基因携带者，导致父母的婚姻解体。好像 H 的存在随时在提醒父母——他们自己的基因是有缺陷的。因此，无法接受这些的父母不仅离了婚，还将 H 送给外婆抚养，并且从不去探望，好像无视 H 的存在，就能掩盖 / 抹去他们基因存在缺陷的事实一样。H 不仅会认为自己是不被接受的“存在”，而且是父母婚姻解体的根源，内心充满无法言说的混乱情感：内疚、自责、愤怒、委屈……

其四，整个世界的不友善——对白化病人的歧视、羞辱、伤害。

其五，青春期的自我同一性问题——我是谁？我存在的意义？我的价值？有人爱我吗？很明显，H 在这些问题上不会得到具有建设性的答案，不会对自己有好的评价和期许。这些都使原本就“混乱”“躁动”的青春期更加危机重重，使 H 的青春显得更加疼痛，成长更加艰难。

其六，友情的丧失——对 H 而言，生命中最重要的人和关系就是外婆和 Z。原本能给予 H 青春期重要情感支持的 Z 却开始谈恋爱，建立了他自己的亲密关系。而这种恋爱关系的排他性，使得 H 感到很尴尬和嫉妒。H 的“决裂”既是一种“放手”，又是一种“试探”——Z 会像自己的父母那样轻易抛弃 / 放弃自己吗？而 Z 的表现明显不符合 H 的期许，又一次令 H 失望，造成 H 再一次的“重大丧失”和“创伤”。

此时能给予 H 的帮助，就是逐渐帮助他重新确立自己的价值感，寻找生活的意义。面对这样一个伤痕累累的孩子，这是一个艰苦而漫长的历程。

**【给家长的建议】**

1. 基于对自己、对后代负责的态度，谨慎婚育。

有些会遗传给后代的疾病，不仅会使后代的生存 / 生活质量大受影响，也会给自己和家庭带来极大的困难和压力。

建议婚前认真做婚前体检，孕前认真做孕前体检，尽量排除可能会给婚姻、家庭和后代造成艰难处境的一切因素。

2. 承担自己的责任。

如果无法避免地出现了艰难的状况，要勇敢地面对和承担属于自己的责任。比如案例中的 H 已经出生，他是无辜的，做父母的不能因为怕面对、怯懦，就将他抛弃。孩子可以被抛弃，自己身上的基因能够被抛掉吗？

做父母的应该积极寻找一切资源帮助自己和孩子，给孩子营造良好的生活环境，就像电影《奇迹男孩》中的家长一样，不仅给孩子生活的保障，也要努力帮助孩子建立积极乐观的人生态度。

孩子因我们而来，如果孩子身上真的发生了什么，那我们作为“出品方”，不应该负责到底吗？

3. 为孩子营造宽容的社会环境。

无论自己的孩子是不是“少数派”——残疾、疾病、品行问题、心理问题、学业问题等，做家长的都应该有一颗“老吾老以及人之老，幼吾幼以及人之幼”的“仁慈之心”，友善地对待有问题、有困难、需要帮助和支持的人。

在宽容、仁慈、友爱的环境里长大的孩子，会对这世上的一切人都好，其中也包括他的父母；相反，在自私、狭隘、愚昧的环境里长大的孩子，不会爱任何人，也包括他的父母。

## 【给孩子的建议】

1. 我们不歌颂苦难，但是，如果苦难降临，我们也不惧怕。

这世界并不是美好如同童话的，生活也充满艰难和坎坷。那么，在这样的世间，我们如何自处能够让生活更容易一些呢？

有个故事讲的是：一个人很不幸，掉下了山崖，在坠落的过程中，他被一棵长在山腰的大树的一根树枝挂住了。正当他稍稍舒一口气，觉得自己得救时，突然看见一条巨蛇正沿着树枝朝他爬过来。身下就是万丈悬崖，树枝上有一条要吃了自己的巨蛇，正当他万分焦急，觉得必死无疑之时，他慌乱中四顾，看见树枝的尽头有个破损的蜂巢，破损处正流淌着蜜汁。于是，他努力爬到树枝尽头，用舌头舔食蜜汁……

这个故事告诉我们：人生处处都有危险，但同时也会有时不时的小惊喜。如果总看到危险和苦难，那就会活得苦不堪言；如果抓住片刻的欢愉，活在当下，珍惜此刻的幸福，人生也会有星星点点的灿烂。而这星星点点的灿烂，正像夜空中的繁星，它可以给我们指明方向，也能令我们思考、反省，赋予我们人生真正的意义。

2. 积极建构人生的意义。

著名的心理学家弗兰克尔曾说过：生命在任何条件下都有意义，即便是在最为恶劣的情形下。一些不可控的力量可能会拿走你很多东西，但他唯一无法剥夺的是你自由选择如何应对不同环境的权利。你无法控制生命中会发生什么，但你可以控制面对这些事情时自己的情绪与行动。

所以，我们既然出生，来到这个世界，冥冥中就一定有一些事要发生，我们的存在就是有意义的。

未曾经历，又怎么知道后面会有什么奇迹呢？

# 第十一节

## 有人爱我吗？——得不到关爱的孩子

J是个相貌一般的初二女生，发育得不错，小眼睛，单眼皮，刘海剪成清末民初媳妇的那种小扇形。校服穿在身上松松垮垮的，更显得她胖，邋遢，不整洁。

班主任要求给J做心理辅导，因为她总是给班主任惹麻烦。

班主任说："思想工作做了无数次，没用；找家长无数次，也没用。她的家长自己也是个不成才的，我还能指望什么？反正，学习成绩上我是不抱希望了，只要她现在不给我找麻烦就好了。"

班主任说着一脸无奈。看着这个三十多岁，正是年富力强、黄金时期的班主任被折磨成这副样子，这个孩子会是什么样呢？

看着眼前这个孩子，她是怎么给班主任找麻烦的呢？

"老师，你是不是教心理的哦？"她倒很大方地首先开口了。

"是的。"

"你教些什么呢？"一双小眼睛认真地望着我，手里摆弄着一支笔。

"你觉得心理健康会教些什么？"我想看看她心里是如何构建对"心理健康"的理解。

"是不是怎么猜别人心里在想什么？"

"还有吗？"我忍住笑，这是大众对心理学的普遍误解。

"不晓得了。"她一边说着，一边在纸上很认真地写着字。

写出的字是红色的。

"我看到你在写字。"

"嗯。"她轻轻地应着，继续写。

"能告诉我，你在写什么吗？"

"没啥。"她继续写，头也不抬，甚至眼皮都没抬一下。

我沉默。

过了一会儿。

她抬头望了我一眼，又垂下眼皮：“你说呀，你怎么不说了？”继续写。

我继续沉默，并饶有兴趣地注视着她。

她终于停下笔，看着我。

“你说呀。”

“我想我们需要澄清一些事情。”

接着，我跟她讲了心理辅导是怎么回事儿，我的主要工作方式是怎样的，她需要遵守的部分和我会遵守的部分。

她很认真地听着。

“老师，在这里，我什么都可以说，是吗？”她听完我的心理教育，想了一会儿，开口问，双眼看着我。

“是的。在这里，你可以说任何你想说的话。”

“你会跟班主任说吗？”

“不会。除非你说的事会对你自己或者别人造成伤害，比如：你要自杀。”

她满含深意地看了我一眼，笑了一下。

往后，她每次都会提前来到辅导室，也往往会在辅导时间就要结束时抛出一个重要的话题。我知道，这是她在试探辅导的设置和边界。

“老师，我暑假里参加了一个国学班的学习。”这次辅导，她一来就开始这个话题。

我点点头。

她继续说：

“有一天下着很大的雨，我不知道为什么，就跑到雨地里。

“淋着。

“整整站了几个小时，就我一个人。

“后来，我回到寝室，不知道为什么，桌上的玻璃就碎了，也没有人动过，就那么碎了，我不知道为什么，就拿起碎玻璃，然后，就把自己割伤了，弄得到处都是血。

“后来，我到卫生间去洗，做清洁的阿姨看到到处都是血，都吓得赶快跑走了。——这些行为的确会给身边的人带来很大的困扰吧。”

在持续的辅导中，J慢慢展现她的生活历程：

J出生时父母只有十几岁，都还是孩子。

从J有记忆开始，J就记得父母在吵架。

后来，J两岁多的时候，父母离婚了。

J记忆中最深刻的印象是，父母抱着她去赶场，不知为什么，在回家的路上，父母在街边就吵得不亦乐乎，母亲就把她往街边地上一“戳”，转身就走了。后来还是奶奶寻到街边，把自己抱回家的。

后来，妈妈再婚，嫁给一个开“农家乐”的，刚开始继父的爸爸妈妈也不喜欢J的妈妈，经常让她走（逼J妈妈离开），后来生了妹妹才好一些。

J常常在周末去妈妈的农家乐帮忙，做做家务，带带妹妹。

妈妈常常骂J，说J懒，还经常打J，劈头盖脸地打。才几岁的妹妹都学会了那种打法，妹妹还会打给农家乐的工人看（示范妈妈是如何打J的）。

妈妈和继父也常常吵架，有一次，妈妈和继父又吵起来了，妈妈跑过来说，继父要杀她。妈妈带J躲进一个房间，锁上门，让J打电话报警。继父就在门外死命地踢门，好像要把门踢破，闯进来杀人一样。

J吓得蹲在角落里直哭，妈妈一个劲地骂J：“死人！还不打电话！”又跟门外拼命踢门的继父对骂。

J不敢打电话，只会哭。妈妈又过来打她。

……

父母离婚，是爸爸坚持要J的抚养权的，虽然爸爸在所有人眼中都是个没出息的人。

爸爸没有稳定的工作，经常在外面不知道干什么，经常回家向奶奶要钱。

说起爸爸，奶奶就唉声叹气。

J觉得自己成绩不好，想读完初中就不读书了。也没有什么具体的打算，就是觉得读书没意思，自己成绩也不好，一定是考不上大学的。学校里，老师也不喜欢自己，同学也不喜欢自己，待在学校也没什么意思。

从进初中起，J谈过几次恋爱，时间不长，都分手了。

最短的只有7天——国庆7天，放假前说开始谈恋爱，国庆假期结束之前，对方就跟她说"我们分手吧"，这期间，由于是国庆假期，他们都没有见过面。

都不知道为什么。

还有人会莫名其妙地加J的QQ，然后问东问西的，有的就直接说要和J耍朋友。

J下课就会和好朋友去别人的班上看。也没什么具体的目的，就是喜欢去别人的班级"打望"。在别的班主任看来就是"串班"——别班的班主任很不喜欢，会给J的班主任提意见，这也给J的班主任带来很大的压力。

J分手了就会在班上大哭，根本不管周围的情况，是上课还是下课，这严重影响班级秩序，又给班主任带来很大的困扰。

J喜欢下课到老师的办公室，跟老师说话。

很多时候，她们都不理J。有时候还会当着J的面说很难听的话，因为J经常有事无事到教师办公室，干扰教师课间休息和办公。这又给班主任造成很大的压力。

班主任为此经常叫J爸爸到学校来交换意见，J爸爸也慢慢地觉得很头痛，就让J乖点，不要给他惹麻烦。

……

在辅导中，J倾诉道："为什么爸爸妈妈不能像别人家一样，有话好好说，动不动就大吵大闹？

"特别是我妈，为什么动不动就打我？

"关不关我的事，都会打我骂我。

"有一次，我妹妹病了，我妈开车送妹妹去看病，结果路上警察临检，我妈忘了带驾照和身份证，就被警察罚款扣分。

"她就骂我'瘟丧婆娘'。

“关我什么事？！

“就会骂我，拿我出气，她自己没有带驾照、身份证，关我什么事？！

“为什么我妈总是骂我打我？她是我亲妈吗？人家的妈妈对自己的娃娃都非常的亲，爱都爱不过来，怎么会舍得打骂？为什么她就不是那样的妈妈？

“为什么我爸爸不能找份工作踏踏实实地做。我爸爸原来是有正式工作的，可是他不晓得为什么就不干了，跑出去东一下西一下的，不知道在干什么。

“为什么那些男生那么奇怪，刚开始说得好好的，‘永远不分手’，过几天就要分手，又不给个理由。

“我下课去别班看，也没什么呀，就是看看嘛。有些男生长得很好看，就看看啦。听说谁跟谁谈恋爱啦，就去看看长什么样啦。

“好奇嘛。

“失恋了，不能哭吗？我伤心呀！我为自己分手、为自己失恋哭一下都不行吗？

“那些老师真是奇怪，下课去跟她们说说话怎么啦？用得着那么不待见我吗？不喜欢，我不去就是啦，谁稀罕。”

J的人生是支离破碎的。

首先，因为父母十几岁就结婚了，这样的婚姻基础非常不稳固：人不够成熟、受教育程度不高、无法找到高收入的工作、没有经济基础，势必为婚后的生活埋下隐患。事实上，父母总是争吵不断。

其次，由于父亲没有养家糊口的能力，母亲的情绪管理能力和处理亲密关系的能力明显存在问题，父母婚后的生活总是波折不断，争吵不断。

再次，从小到大，甚至离婚后，母亲继续在身体上和情感上虐待J。并且，父母重新组建自己的家庭，又相继生育子女。这些都让J感到没有属于自己的家，自己是不被喜欢、不被爱的。

出生在一个结构不稳定的家庭，父母情感不和，常常争吵，本身就足以对孩子的身心健康造成威胁。

母亲的长期虐待会给孩子造成难以修复的精神伤害，会严重地威胁孩子健康人格的形成。

由于在原生家庭里得不到足够的关心和爱护，J势必会向外寻找情感的满足。

随着青春期的到来，J开始对异性感到好奇，希望通过谈恋爱来获得情感的满足。

而J早年的经验根本不足以应付青春期懵懂的爱恋，由于缺乏母亲的教导和正确的示范，J根本不会处理情感问题，所以，她数次的恋爱都以失败告终。

这又会增加J的挫败感，将失败的情感经历归结于“自己不可爱”“永远都不会有人真心爱自己”。但越是这样，只要一有人对她表示善意，她就会将之解读为“恋爱”的信号，就会奋不顾身地扑上去。这就形成周而复始的恶性循环。

另外，父母给予孩子的情感关注是孩子理解别人情感的基础。明显地，无论是母亲还是父亲，都没有给予J情感的关注，J从小就生活在情感的沙漠里。所以，她不能理解别人的情感，甚至都不能观察到自己的需要，不能理解自己的情绪。

所以，这样的J将会有异常坎坷的人生道路要走。

## 【给家长的建议】

1. 等自己长大成人，成熟到有能力承担相应的责任，再尝试婚姻、家庭。

《婚姻法》规定：男22岁、女20岁，方能领证结婚。

有个笑话说：男子18岁就能参军，却要22岁才能结婚，说明：对付一个女人比杀人还难。

虽是个笑话，却也在向我们暗示：要处理好婚姻、家庭问题需要生理、心理的成熟和社会经验的丰富。

婚姻，虽不是爱情的坟墓，但婚姻的确需要物质的基础、成熟的生理和健全的人格，还要有一定的社会经验。

案例中J的父母十几岁就结婚了，双方最多完成了高中教育，更可能的情况是初中毕业就没有读书了。受教育程度限制了他们的就业和收入。年龄预示他们心智尚未成熟，遇事容易冲动。十几岁，除非家里很有钱，否则是不会有良好的经济基础的。这也注定“贫贱夫妻百事哀”。俗话说：“穷争恶吵。”这一切的一切似乎都在暗示，他们的婚姻没有坚实的基础，是建筑在沙滩上的城堡。

所以，人生一世，虽只有几十年光阴，但是如果没有做好准备，草率尝试婚姻，注定会尝到青涩的苦味，而不会是成熟的甘甜。

2. 等自己做好充分准备，再为人父母。

生儿育女不是简单的事，它不是“添人添筷子”那么简单，也不是一次欢愉之后的自然结果。

当今的现代社会，一个人要长大成人，接受大学教育，父母要付出的金钱、精力、时间，是二三十年前无法想象的。

当今世界，各种危险时时可能威胁我们的健康和生命。

我们既然将孩子带到这个世界，就应该对他负责，要在他还无法自保的时候给予他保护，并努力培养他自我保护的能力。

孩子是一个人，他就应该享有基本的人权，包括：生存权、健康权、教育权、获得更好生活机会的权利。这些都需要做父母的给予他基本的保障和强大支持。

所以，当我们做好准备，等我们身体健康、心理成熟、心智健全，具有一定社会经验，拥有一定物质保障时，我们再考虑生养后代，既是对他负责，也是对自己的后半生负责。否则，如果孩子过得艰难，你的后半生不也会糟心吗？

3. 解决自己的问题，不给身边的亲人造成困扰。

有个说法：如果你跟一个人有矛盾，可能双方都有问题；如果你跟很多人都有矛盾，那可能问题更多的是出在你身上。

如果我们自己无法适应社会的需要，不能找到安身立命的工作，无法和别人建立良好的亲密关系，可能我们需要从自己身上找到问题，并着手解决。

当然，将问题归咎于别人是最简单的方法，特别是归咎于比我们弱小的对象，比如：我们的孩子。或者将自己的一切不如意、压力、不良情绪都转嫁给别人，特别是比我们弱小的对象，比如我们的孩子，都是最简单、最便捷的方式。但是这无法从根本上解决问题，更可能对无辜的人造成伤害，特别是我们弱小的孩子，那伤害可能会是永久性的，并且可能会代际传递。

所以，处理好自己的问题，可以找专业人士给予我们专业的帮助，比如：心理咨询、就业辅导、就业培训等。

## 【给孩子的建议】

1. 世界并不美好，接纳世界给我们的，改变我们可以改变的。

世界并不美好，虽然最后“灰姑娘与王子幸福地生活在一起，直到永远”，但是在此之前，灰姑娘经历了很多艰难坎坷——继母的虐待、姐姐们的羞辱，王子为了找到心爱的姑娘，也动用了很多资源，付出了巨大努力。

所以，没有必然的、轻而易举的幸福会等着你。

况且，我们的父母都没有经过“父母职业资格培训”，他们都不是“持证上岗”。他们给我们的大部分是基于他们的本能。

如果我们的父母原本就是“受伤的人”，他们又怎么能给我们更好的“爱和保护”呢？他们还需要时间和精力来照顾他们自己。即便他们是健康的、有能力的父母，他们也需要时间来处理他们自己的事务和压力，需要空间来面对他们自己的限制和不足。

所以，不要强求完美的父母，接受生命的安排——接纳我们不能改变的，改变我们有能力改变的，并学习分辨这两者。

2. 迎着阳光，阴影就在我们身后。

这个世界，有阳光就有黑暗，有善就有恶，任何事物都有与之相对应的另一面。

也许我们可以换个角度去思考：我们的父母正承受着的一切不幸，如果我们能看到他们身上发生的一切，我们就有机会去改变——我们觉察到父母对我们不够好的地方，我们就努力避免相同的事情发生在我们自己的孩子身上；我们还可以帮助父母觉察到他们身上究竟在发生什么，帮助他们从不幸中得到解脱；我们还可以将这一切视为会发生在人类身上的不幸，去研究是什么导致的，如何去避免，使更多的人从中获益……

如果我们总看着身后的黑暗，就永远无法看到眼前的阳光。

所以，苦难可能会压垮一个人，也可能会成就一个人，就看这个人怎么看待苦难为何会降临到自己身上。

3. 寻找专业的帮助。

我们还是孩子，我们没有经验、无法识别，也没有相应的能力来帮助自己，那就寻找专业的人员来帮助自己。

学习不理想，我们知道找老师、同学；生病了，我们知道找医生帮助我们，为什么遇到了自己无法解释、无法理解的事，经历痛苦的打击之时，我们却忘记了可以找心理辅导师来帮助我们呢？

说出自己的痛苦，展现自己的软弱，并不可耻，反而是一种勇敢和爱自己的表现。

所以，孩子们，记得寻求专业的帮助。

# 第十二节

## 18 岁，与母同眠——与母亲相依为命的孩子

L是高三的学生，长得高大健硕，看起来像是体育特长生的样子。

他来辅导是因为高三了，面临高考，而自己的女朋友却和自己闹矛盾，搞得自己心绪不宁，无法专心复习。

每次辅导时间，他都会提前来，等着辅导时间的到来。

在等候的时间，他会四处走动，拿起沙具看看，或者拿起书架上的书籍翻翻。

每次辅导，他都会带来新的议题，不断补充他自己的成长信息，不断更新我对他的认知。

我发现自己真的开始喜欢这个小伙子，他有那么多吸引人的经历……可是，同时，我又感觉到一些不那么确定的东西，让我不断地怀疑，他一定隐藏了什么，而这些隐藏的东西同样具有吸引力，甚至比他讲述出来的故事更有吸引力。

是什么呢?

我静静地等候。

一天，他坐定在我面前，久久没有开口，眼睛注视着墙上的时钟，像是在酝酿，又像是在等侯某一时刻。

我也静静地等候着，也随着他的眼光看向墙上的时钟。

墙上的钟，秒针慢慢滑动，毫无声息。但在我心里，却像听到心脏跳动的巨大声响般，能感受到气氛越来越紧张。

当时针指定十点时，他终于呼出一口气，然后看向我，眼中有沉稳、破釜沉舟的坚决和某种热切。

“老师，我想问你，要是我说出一些让你意外的事，你会对我有不好的看法吗？”

“终于要来了吗？”我心里这样想，脸上却不动声色，“你不妨说出来看看。”

他两眼不断扫视我的双眼，想确定我的心意，然后将头扭开，看着墙角，用手捂着嘴，随后又将头埋进双手，最后像下定决心似的，一下抬起头，望向我。

“老师，昨天晚上跟我妈妈一起睡的觉。”他努力控制自己的声音，但是，我仍能听出他嗓子发干，声音有种撕裂的沙哑。

“我什么都没做，我就只是和她躺在一起而已。”没等我说话，他急忙解释，眼神中有某种慌乱。

“我们是微信好友，我半夜看到她还在发朋友圈，我就在微信上问她，怎么还没睡？她说她睡不着，问我睡没有。我说没有，她就让我过去和她一起睡。”他很快地述说昨晚到底发生了什么，眼睛不时地注视我的表情。

“我小时候，经常挨着她睡。我喜欢把头放在她的肚子上，听她肚子里发出的各种声音，我就会很快睡着。后来，她和爸爸离婚了。她又交往了男朋友，也带回家住过。”他的声音渐渐缥缈起来，像是开始回忆，像是进入某种迷失的状态。

L 的妈妈和 L 的爸爸是小学同学，两个人一起读初中。没考上高中，L 的爸爸开始做生意，妈妈就跟他一起打拼。从摆地摊开始，两个人吃苦受累、精打细算，慢慢把生意渐渐做大，后来就开起了公司。

两人结了婚，日子越过越好。后来，L 出生了，爸爸很高兴，觉得自己奋斗这么久创造的一切有继承人了，开了 100 桌，大宴宾客，把所有亲戚朋友、生意伙伴都请来。

可是，后来不知何时开始，妈妈渐渐察觉爸爸好像在吸毒。

妈妈疯了一样，刚开始苦口婆心地劝，没用，爸爸说：自己能控制，不会上瘾。后来妈妈见到他吸毒，就摔东西，就砸东西，还是不能阻止他吸毒。而且，好像他的毒瘾越来越大，对公司的事越来越不上心。妈妈不放心公司，就带着保姆、抱着襁褓中的 L 到公司看着。

可是，有一天，电影情节一样的事还是发生了，一伙人冲进公司，见东西就砸，大声吆喝让爸爸还钱。妈妈把保姆和 L 藏进办公室的隔间，自己出面。

原来爸爸由于吸毒已经把公司的流动资金挪用，又把公司不动产抵押给了银行，还在外面欠下高利贷。难怪已经有半个月没见人影了，原来他早就跑路躲债了。

妈妈面对这一切，只能一个人去应对。

后来，公司倒闭，妈妈承担了爸爸所有的欠债。随后爸爸也被抓进监狱。

爸爸关在监狱里，妈妈去探监，爸爸泪流满面，哭着请妈妈原谅他，说他不是好丈夫、不是好爸爸。

每次，妈妈都默默地流泪。

L从小就没有跟爸爸一起生活过，别人问他爸爸的事，妈妈就跟他说：爸爸去外国做生意了，要很久才会回来。

等到和妈妈一起探监，他才知道原来自己的爸爸是罪犯。

听妈妈讲述了所有的事，L受到很大的冲击，也决心不再让妈妈伤心。

L就和妈妈相依为命。妈妈为了还债什么工作都做过，只要赚钱多，妈妈还考了注册会计师，经常为别人做账，加班到很晚，也常常出差。

L从小就很听话，自己一个人生活，脖子上挂着家门钥匙，也可以照顾好自己，不让妈妈操心。

L非常佩服自己的妈妈。

妈妈是当地最早学会开车的女性，是最早买车的女性，是最早自驾去西藏的女性。

L觉得自己的妈妈是最伟大、最坚强的女性，能解决生活带给她的任何难题。

L就盼着爸爸早日刑满释放，一家人能够团聚。

L初中的时候，有一天，妈妈失魂落魄地回到家，对L说：爸爸在监狱里死了。

L顿时就傻了。昏天黑地地跟着妈妈去处理爸爸的丧事，处理完爸爸的丧事昏天黑地地回到家，一头就栽在床上。

哭完之后，L暗下决心，一定要好好保护妈妈，照顾妈妈，担负起爸爸没有担负的责任。

从那以后，L更加独立，把家里收拾得整整齐齐，处理好自己的学习，还关心妈妈的生活和工作。

爸爸死后，妈妈消沉过一段时间。L很担心妈妈的身体，就帮她办了健身卡，带她去健身，带她去夜跑。慢慢地，妈妈从悲痛中走了出来，逐渐恢复了生机和活力，四十多岁还跟朋友们一起玩攀岩什么的。

看到妈妈能从失去爸爸的哀痛中走出来，L 很高兴。原本以为日子就会这样平静地过下去，没想到，有一天，妈妈跟 L 说，她新交了一个男朋友，问 L 要不要见见。

L 整个人都傻啦。

他脑袋里有千万个想法和情绪瞬间奔涌、呼啸，让他对妈妈大喊大叫，摔门而去。

在外面漫无目的地走到天黑。

当天色渐渐亮起来时，L 站在最高的山顶上看着日出。看到万丈霞光穿过云层，太阳被托出地平线，L 很震撼，也决定接受妈妈的交往愿望。

Z 叔叔的出现使妈妈快乐，L 可以明显地感受到。

但 L 心里是五味杂陈的：L 觉得自己应该为妈妈能够再次找到自己的幸福而高兴，可是，这个 Z 叔叔却怎么也让 L 喜欢不起来，总觉得他很猥琐、很讨厌，是怀着不可告人的目的而来。

L 就对 Z 保持礼貌和克制，虽然 Z 也会带着妈妈和 L 外出旅行，尽量照顾她们母子，讨他们欢心，可是，L 还是不愿意看到妈妈和 Z 走得很近。三人在一起时，L 就会有意无意地甩脸子，无趣地扫兴……

妈妈私下里也找 L 开诚布公地谈，到底 L 是怎么想的。

面对妈妈的坦诚，L 无法说出自己内心那“自私”的想法和愿望。

Z 叔叔搬过来住。

L 已经是大小伙子了，他当然知道会发生什么，他就搬去住校。

可是，学校总要放假。

L 就到外地打工，到影院做实习生。在做影院实习生的时候，L 勤奋、踏实、肯吃苦、为人和善，大家都喜欢他。

假期结束，L 返校读书，用自己挣的钱，没有回家。

妈妈找到学校，L 也绝口不提 Z。妈妈主动说，她和 Z 分手了，希望 L 搬回家。

L既高兴，又自责，还很羞愧。

回家后，似乎一切都不同了，好像都很陌生。L对自己说：是因为太长时间没有回家，是因为妈妈重新购置了家具，重新布置了家居环境……可是，他还是不能自然地在家里生活。

L又搬到学校住校。

住校期间，L与室友M成了好朋友，L就常和M以及M的女友Y（Y也是L、M的同班同学）一起玩。

慢慢地，L觉得自己喜欢上了Y，而且L能感到Y也喜欢自己。

L慌了，他觉得自己不能做对不起兄弟的事，于是很快与另一个同班女生F开始谈恋爱。

F很爱作，经常搞得L烦不胜烦，F还会当着Y的面跟L腻歪，弄得L和Y都很尴尬（这就是L原本的辅导目的）。

上个月，L就要满18岁生日了，妈妈让他搬回家住。L也正好被F弄得烦死了，就搬回家住了。

回家住的一个月里，妈妈白天忙工作，晚上就在家陪L。L明显感到妈妈老了。回想妈妈这些年的经历，L深深地感到，妈妈很不容易，妈妈应该有自己的幸福。L和妈妈推心置腹地谈了很多，感到母子的心靠得更近了，母子之间更加亲密了。

L很快乐。

直到妈妈和伙伴出去骑车，不小心扭伤了脚，在家休养。L很小心地照顾妈妈，端茶送水，服侍得无微不至。

直到昨晚，半夜看到妈妈发朋友圈，被妈妈招过去和她一起睡。

天很热，L在家就穿的大裤衩，妈妈也穿得很单薄，盖着凉被，受伤的脚露在被子外面。L过去就像小时候一样，很自然地爬上床，和妈妈躺在一起。L侧头就看到妈妈的侧脸，在床头灯的映照下，妈妈的脸有一层圣洁的光。L觉得妈妈很好看。

不知不觉地，L就滑到床的中部，像小时候一样，习惯性地将头枕在妈妈的肚子上。听着妈妈肚子里传出的各种声音，L觉得很安宁，很幸福。

可是，今天早上醒来，发现自己和妈妈睡在一起，L又惊又慌。

L与妈妈的情感是真挚又复杂的。

由于爸爸的吸毒、坐牢，L从小就跟妈妈相依为命。原本应该是父母加孩子的三元关系，变成只有母子二人的二元关系。

在父母加孩子的三元关系里，父母和孩子类似三角形的三个角，构成稳定的关系。

而在L和妈妈的这个二元关系里，原本单纯的母子关系因为只有两个角，而非常不稳定。L从父亲的不当行为给家庭、给妈妈带来的伤害中感受到对父亲的失望，进而希望自己能够快快成长，能够取代父亲的角色，肩负起照顾妈妈的责任，让妈妈不再受到伤害。母子感情日渐深厚，L逐渐产生对妈妈的“独占”意识。当妈妈开始谈恋爱时，L意识到自己只是“妈妈的儿子”，不可能取代父亲的角色，也不能带给妈妈只有一个男人才能带给她的快乐，非常的失落，也对那个能够带给妈妈快乐的Z心生妒忌。于是，L决定离开。

青春期的恋爱尝试，让L体会到“爱而不得”的痛苦与无奈，也使L对什么是“爱”有了更加深刻的体会和理解。

原本像重温儿时旧梦一样单纯的“和妈妈同床”经验，却因为L内心复杂的情感体验而带给L非常大的冲击，使L感受到深深的羞耻、愧疚等情绪，进而对自己产生深深的自责。

其实，这一切情感变化和情绪体验都是顺着事态发展自然产生的，并不是因为L道德败坏才会产生的。

但是在其中，L的妈妈却有着不恰当的行为，某种程度上推动了这一切的发生。

如果L妈妈更有意识地注意一些事情，L可能就不会经历这些，体验到糟糕的自我评价，进而自我怀疑、自我鄙视。

**【给家长的建议】**

1. 随着孩子的成长，父母应该有意识地对孩子进行区别对待。

孩子小的时候，似乎是无性别的。成人没有把他们当成有性别的人加以区别对待，也没有太注意自己在小孩子面前的身体展露是否得当。可是随着孩子的成长，性意识也逐渐萌发，成人应该有意识地对孩子进行区别对待和相应的教育，传递给孩子科学的性观念。

2. 单亲家庭，尤其是由异性父母独自抚养孩子，更要注意与孩子保持适度的私密距离。

异性父母抚养孩子即指：孩子与家长是不同性别，具体而言就是爸爸带女儿、妈妈带儿子。

西方弗洛伊德的“俄狄浦斯情结”理论讲的是：孩子会天然地爱慕自己的异性家长，并希望能够取代自己的同性家长，而与异性家长结合。

那么，由异性家长抚养孩子的单亲家庭，由于家庭结构的二元性，更要注意与孩子保持适度的私密距离，避免由于家庭结构的二元性造成的不良影响。

3. 为孩子健康成长，不要刻意避免再婚。

孩子成长的过程中，既需要母亲的角色示范，也需要父亲的角色示范。无论是男孩还是女孩，都是通过观察父母的行为方式了解和学习“男人/女人是怎么回事”以及“如何做一个女人/男人”。因此，即便不为了个人的幸福，至少为了孩子的健康成长，也不要刻意拒绝婚姻和爱情。

**【给孩子的建议】**

1. 无论跟父母的关系如何，父母永远是“父母”，也永远只是“父母”。

也许在有些家庭里，爸爸或者妈妈真的很糟糕，非常令人失望，但是，无法改变的是，爸爸就是爸爸、妈妈就是妈妈。我们也许可以暂时代理一下父亲或者母亲的职能，但是，我们不可能取代他们的角色。

2. 亲子之爱，永远无法取代夫妻之爱。

不管爸爸妈妈如何爱我们，我们又如何爱自己的爸爸妈妈，亲子之爱永远不能取代夫妻之爱。我们没有权利干涉父母的婚姻，包括他们的再婚，他们之间的情和爱应该由他们自己决定。

3. 当自己有混乱时，寻找专业帮助。

情感是人类精神世界里最复杂的部分，它会带我们体会人间的一切美好，也可能是我们万劫不复的因由，所以才有如此多的文艺作品以人类情感为主题。

当我们自己拎不清时，不妨请专业人士给予帮助，帮助我们澄清自己，看清发生在我们身上的到底是什么，减少我们的困惑和苦恼。

# 第十三节

## 别来烦我——来自亲生父母的纠缠

M是被一个中年女人拽进我的辅导室的。

这个中年女人，满脸怒气，气势汹汹，像抓住一个小偷。

M满脸嫌弃、羞愧，双手抓住揪着自己衣服后领的女人的手，不住地挣扎，像是想要从女人的手中挣脱。

女人一边拽着M，一边大声地叫嚣：“我要问问你的老师们，有没有像你这样没良心的人！有没有不认妈的道理！”

辅导室外很快围了一圈人，年轻的学生们大概也很少见这样的阵势，前排的个个面露狐疑、惊讶，后排个子矮看不见的，伸长脖子，踮起脚尖，扳着前排人的肩膀找支撑，一会儿就由于体力不支，“矮”下去，又再次踮起脚，弄得前排的人摇摇晃晃，学生们相互茫然地问：“怎么啦？”“谁呀？”个个都不得要领。有的大声地说：“那个女生是谁谁，是我们班的。”大家伙儿就投过去羡慕的眼神儿，那人就满脸得意。

看到这情势，我将辅导室外的学生安抚、劝离，关上辅导室的门，回过头来看着眼前的两人。

中年女人头发不成型地、凌乱地贴在额头、鬓角上，汗涔涔的，一脸怒气，使她的脸看起来狰狞、扭曲，很可怕。

M看着我，很委屈，像是在向我求救。衣领被扯得变形，也像要从身上“飞升”一样，被揪得向左上方“挣脱身体”，腰际已经升到胸部，下面露出一截白色的校服短袖衫的下摆。

我忙劝中年女人松手，有话好好说。

中年女人看着我，松了手，还顺势推了M一下，将M推得一个趔趄。M慌忙将自己的衣服整理好。

“老师，你来评评理，有没有不认妈的道理？！”刚坐下，中年女人就向我发问，眼睛却恶狠狠地盯着M。M却将头转向一边，不跟中年女人有任何眼神接触。

“你看看，老师，有没有这样的，这样没礼貌？！”说着中年女人顺势伸手去打了M胳膊两下，力道似乎很大，M被带着身体都转了90度。

“不好意思，我还不知道，怎么称呼您？”我客气地问中年女人。

“我姓王，我是她妈！”中年女人很快地答。

“你叫什么名字？”我朝向M问道。

“M。”

“你能告诉我，发生了什么吗？”我继续问M。

M将眼睛转向我，刚要开口。

中年女人就抢着开口：“老师，我是M的妈妈，她却不认我。你说，天底下有没有这样的白眼狼，有没有这样没良心的？！”说着，中年女人又伸手打M的胳膊。

M这次躲开了。眼睛瞪着中年女人，眼里透出鄙视、嘲讽。

M从小就觉得很幸福，因为爸爸妈妈总是宠着自己，什么都顺着自己，说话也温言细语的，从没有骂过自己，也没有说过一句重话。

不知什么时候开始，家里总会来一个女人，每次她一来就拉着自己不放，问长问短的，都问些不着边际的话，什么“他们对你好吗？”“他们有没有打过你呀？”“他们有没有不拿饭给你吃呀？”，弄得M莫名其妙。

女人走后，M问爸爸妈妈这人是谁？

爸爸妈妈每次都说“一个亲戚”。

“我不喜欢这个亲戚，她很讨厌，尽问一些你们对我好不好的话。”M向爸爸妈妈发牢骚。

爸爸妈妈欲言又止，很为难的样子。

最后，爸爸妈妈终于告诉M——M不是他们的亲生孩子，是那个中年女人的孩子。

M好像晴天一声霹雳，被劈蒙了。脑袋里瞬间转过无数个念头。

——我要怎么办？跟她回去？

——当初为什么要将我送给别人？现在又为什么要来找我？

——爸爸妈妈是什么态度，要将我送回去吗？

……

M对于一切充满迷惑，但是似乎与“爸爸妈妈”之间突然就有了隔阂，觉得他们不再是自己的“爸爸妈妈”，很多话不能够再像从前那样自然地说出口。M从此变得沉默寡言，回家就把自己关进房间，不吃饭不出来，成绩也一落千丈，从原来班上的前几名，一下子落到最后。

班主任找孩子谈心，M看到老师很关心自己，原本想将一肚子的烦恼都告诉老师，看看老师能不能帮自己理清头绪，可是转念一想：这些事，又怎么好跟外人讲呢？俗话说“清官难断家务事”，她一个班主任又能做什呢？她能决定我将来跟谁一起生活吗？算了，还是别说了。

几次思想工作做不通，班主任就联系家长，看看能不能通过家校合作，了解孩子到底发生了什么，能给孩子提供什么切实的帮助。

找到家长，了解情况，老师才知道M的身世。

M是超生的孩子，原本家里以为怀的是个男孩，就想：就算罚款也要生下来，这样家里就有后了，要不然家里没个男孩，总不是个事儿。可是没想到，生下来还是个女婴，就想怎么处理呢？总不能为了个女娃交罚款，不值得。正为难之际，有人给出了主意：送人吧，送给那些生不出孩子的，还能得一笔钱，也给她找条活路。父母同意了，那人就给找了户人家——男的是工程师，女的是教师，婚后多年怀不上，女方先去检查，没问题，男方再去检查，发现男方是“死精症”。后来男方仔细回忆，又询问家人，才得知：男方小时候发高烧，没有及时治疗，落下了病根，女方才一直怀不上孩子。双方见面，亲生父母这边对养父母的家境很满意，觉得今后就有了一门“富亲戚”，养父母这边也很高兴，终于有孩子了，女婴很健康，很可爱。双方达成协议：结成亲戚，经常走动，养父母一次性付给亲生父母一笔钱，“给产妇补身体”。

后来，M就在养父母家里健康成长，一直都不知道自己是收养的孩子，因为养父母对M无微不至的关怀，比亲生的孩子还要用心。亲生父母也从来没有出现过，只是会每年问养父母要钱。

后来，亲生父母终于生出了儿子，可是，儿子娇生惯养，学习不努力，行为习惯也不好。亲生父母伤了不少神，又听说送出去的M品学兼优，就想来把M找回去，“家里总要有个成才的才行，这样兄弟姊妹之间有个帮衬，将来才会有好日子”。于是，就开始经常来“走动”——因为总不能无缘无故地就将送给别人的孩子要回来，必须找到理由才行。于是他们就来探M的口风，看看养父母有没有“虐待”M的证据。可是，养父母对M很好，亲生父母找不到理由，就拉下脸，直接跟养父母说：“我们要把孩子带回去！现在政策放宽了，我们要一家团聚！”

养父母真是要被气晕了。

当初讲好的，M送给养父母抚养，是因为亲生父母重男轻女，想要儿子。现在儿子不争气，又来打已经送给别人的女儿的主意，还说的好像养父母是阻止他们一家团聚的坏人似的。

真是没想到天底下还有这样的人？！

班主任得知这些，又去走访邻居，核实情况，结合平日里与养父母的接触，觉得养父母所言值得相信。可是，这事到底该怎么办呢？班主任也没有办法。

最后，养父母就将全部事实都告诉了M，并且说：

M已经16岁了，不管M今后跟谁过，她自己都有权利了解事实和做出决定。

M觉得自己像是一叶小舟，被抛到风口浪尖，要面对暴风雨的海洋。

养父母对自己真是没话说，就算是亲生的，都不能更好了，知道是养父母，更觉得他们对自己比世上任何人都好。而亲生父母当初嫌弃自己是女孩，就要把自己抛弃、送人；现在又因为没有教育好自己的孩子，想来把自己弄回去，算怎么回事？把自己当成一个人了吗？自己在他们眼中一直都是一个工具，当初是传宗接代的工具（最初以为是男孩，才想生下来，保证家族有后），现在是光耀门棍的工具。而且，亲生父母家境条件差，人品也糟，自己要是回去了，就会跟着受苦。

可是，M 又觉得自己似乎不应该这样想，这样很自私，只想着自己的个人感受和未来的生活。养父母已经给了自己 16 年的照顾，现在亲生父母这样来纠缠，要是自己不回去，会不会给养父母带来很多烦恼？

她又想，难道就没有法律或其他途径可以帮助自己吗？像亲生父母这样的人难道就没有办法可以治一下吗？

M 陷入各种思考，反反复复的挣扎中，无心学习，成绩一落千丈。养父母非常担心 M，可是看在眼里急在心里，又怕说多了给孩子造成新的压力。班主任也是除了经常性跟 M 谈心、宽慰她一下之外，不能做得更多。

亲生父母在养父母那里不能得到满意的答复，就开始想通过 M 来实现自己的目的，三番五次到学校来找 M。M 不胜其烦，终于忍不住对亲生母亲大声地喊出“别来烦我！”。这下，把亲生母亲给刺激到了，亲妈就不依不饶地拉着 M 又骂又打，在学校的教室里、走道上拉着 M 高声喧哗，想找一个可以说理的地方。

M 觉得很丢脸，自己在学校一直都是“好学生”，爸爸妈妈都是有文化、有教养的知识分子，没想到这个女人这么低素质，还到学校来败坏自己的声誉，真是从心底里厌弃这样的人，这人还是自己的“亲妈”，真是丢死人了！心底升起对这个人、对自己的亲生家庭的无限憎恨和恐惧，打死都不愿意回去了。就算养父母不能再抚养自己，自己就算去流浪，也不会跟着这样的人一起生活。

M 原本有个平静幸福的生活，也在这样平静的氛围里得到很好的照顾，各方面都获得很好的发展。可是，青春期，自我同一性的关键时期，突然出现巨大的变故和冲击——“自己到的是谁？”“是知识分子父母的孩子，是有很好出身、有良好基因遗传的、受到良好教育的、家境很好、美好未来可以预期的、可爱的、幸福的女孩？还是出生于恶劣环境、父嫌母不爱、被遗弃的、被利用的可怜孩子？”同时，不仅仅是自我认同、情感层面的危机，还有现实的物质层面的威胁，如果自己跟亲生父母回去，生活质量、家庭环境一定是没有在养父母家好的，这不用质疑。

在这一系列的危机面前M出现内心难以平静、无法静下心来学习的状况非常正常。

同时，面对亲生母亲的无理取闹、养父母的“退让”“妥协”，甚至“推卸责任”（在M看来，这时她非常需要养父母强有力地站出来，不让亲生父母带走自己、保护自己；可是，由于养父母的身份尴尬，又怕自己强力地阻止M回家，以后要是M思想转变，要是M以后责怪自己阻止她回家，那岂不是“猪八戒照镜子，里外不是人”）。M又怀疑养父母到底对自己是什么态度，是不是并不够爱自己，或者养父母因为被亲生父母弄得不胜其烦，对自己也产生了厌弃的情绪……

M此时脑袋里像火山底部的岩浆层一样，没有一刻是静止的，没有一刻是冷静的。因此，她无法安心学习、无法心平气和，她出现了严重的情绪和行为问题，在学业成就上、在人际关系上出现种种问题。

## 【给家长的建议】

1. 收养孩子不是简单的事，要谨慎行事。

收养孩子不是“添人添筷子”那么简单的事。养育一个孩子已经是对一对父母的考验，更何况是“收养”一个孩子。

国外有研究证明：收养的孩子，即便是很小的时候（婴儿期）被收养而且完全没有被告知是收养的，孩子都会有某种神奇的感觉，就觉得自己跟这个家庭有点问题，跟自己周围的兄弟姐妹有不同。

收养孩子，不仅是对经济能力的考验，也不仅仅是体现自己的爱心，更不是为了疗愈自己的“心伤”。收养一个孩子，就是要对一个人全面负责，而且由于不是自己的亲生孩子，这种情感又与普通的亲子感情存在差异，这是必然。当然，我们都希望能“一视同仁”，但是，在现实的相处中，这种差异是存在的，我们不能一厢情愿地否认。

所以，行事前，请谨慎地考虑自己及配偶的经济能力、心理成熟度、双方的意愿，必须经过多次反复的商讨，真正达成一致，并且做好准备应对可能会出现的各种问题。

2. 把收养的孩子当亲生孩子养。

这不是废话。

如果一开始就没有把收养的孩子当成自己的亲生孩子，就是养父母在心理上跟孩子“设限”，使孩子在心理上与养父母有距离。

把收养的孩子当成自己的亲生孩子养，无论生活中出现什么问题，养父母都要想想，要是他是我的亲生孩子，我会怎么处理，然后再行动。

收养孩子就是给他一个自然的、较之不被收养要更好一些的环境，使她获得应有的发展机会和权利。

3. 要不要跟孩子讲他的身世。

因人而异，还要问问自己，我为什么要跟他讲讲？我自己的出发点是什么？讲或不讲对孩子的影响会是什么？原则就是：为了孩子获得最好的发展、孩子的利益得到保障。

还可以看看别人是怎么处理的，别人的出发点和结果。

当然不能照搬，每个家庭和个人是不同的，之所以可以参考别人的经验，是要弄明白中间有没有规律性的东西。遵循个人成长和心理发展的规律，是比较可行的。

4. 遵守相关法律。

我国有《收养法》，收养前一定要认真仔细地学习，还要询问相关部门和律师，通过合法的途径和手段，尽量规避风险，不要让收养行为影响自己和家庭以及准备收养的孩子的生活。

## 【给孩子的建议】

1. 有任何疑问，都可以跟父母咨询。

小孩子有时会幻想自己是有特殊身份的人，比如：外星人、被王室遗落在民间的王子公主、有超能力……这很正常，也许过了一段时间，就不会这么幻想了。但是，如果这种感觉一直存在，那就跟父母讨论一下、咨询一下父母："我是谁？""我是哪儿来的？""我是你们亲生的孩子吗？"

坦诚的沟通比各怀心事更有利于彼此的信任和情感培养。

2. 如果出现养父母和亲生父母争夺自己的局面，你要问问自己的心。

《收养法》有相关规定，关于被收养的孩子在什么情况下解除收养关系等。如果这样的事发生在你身上，而你有法律规定的做出选择的权利时，你要问问自己的心，不要被别人牵制。

跟养父母生活愉快吗？

养父母和亲生父母的家庭条件哪家更有利于你的成长？

除了养父母、亲生父母，你可能需要面对的还有其他亲属（包括养父母这边的和亲生父母那边的），他们对你以及你被收养是怎样的看法和态度，他们好相处吗？

……

你也不用太快做出决定，可以到两边都去住一段时间，感受一下各自的家庭氛围和家人间相处的模式，因为这样你可以更有依据地做出选择。

你不必思考太多道德上的东西，更不能被别人用道德的名义绑架。比如：我要是回去了，养父母会不会觉得我很没良心？我要是不回去，别人会不会说我贪慕优越的物质生活，忘记了自己的出身？

只要你自己能生活得好，相信这是真正爱你的父母都愿意看到的事。

如果他们争夺你是为了满足自己的需要，你又何必用道德来绑架自己，做出违背自己意愿、让自己后悔的选择呢？

3. 调整心态，接纳现实，实在不行，寻求心理帮助。

我们每个人都需要确定自己出生的合理性、合法性。如果由于各种原因，我们的出生受到某种质疑，我们会因此而受到影响，以至于可能觉得自己不应该活在这个世界上。

但是，如果我们就是这样一种身份，我们无法选择，那我们该怎么办呢?

也许，我们可以这样想：

既然我出生在这个世界上，那么我的出生就是被宇宙接受的，要不然我会在妈妈孕育的过程中由于各种原因而死掉。既然我出生了，我就是“天选之人”，我一定是肩负着某种使命而出生的。至于那是什么，不用着急，我只需要做好准备，到时候自然就会知道。在这个过程中，我可能还会经历很多事情，也许是磨砺、苦难，那都是为了将我锻造成能够完成使命的人而必经的“历练”，所以，不要惊慌、不要抱怨，坚实地走好每一步。

如果你自身无法调整过来，那就寻求专业的心理帮助。

要相信：天助自助者。

4. 拿起法律武器，保护自己及家人的合法权利。

如果由于收养关系而造成很大的现实困扰，协商无法解决，或者反复纠缠不休，那就拿起法律武器，保护自己和家人的合法权利。

# 第十四节

## 拳击女孩——
## 对世界充满敌意的孩子

N经常鼻青脸肿，班主任问她是不是在外打架，她说没有。班主任说要找家长，她说：只有一个奶奶，在养老院，有老年痴呆。班主任不信，觉得是她找借口不让班主任去家访。N就带班主任去养老院。当班主任看到N的奶奶时，她信了，因为N在奶奶面前露出无限的温柔，跟奶奶非常和气地说话，像哄小孩子一样哄着奶奶。

出了养老院，班主任掏出身上所有的钱，塞到N手里，并且说：N要好好学习，要坚强……话还没说完，班主任自己的眼泪就流了出来。

N跟我说到这些的时候，露出蔑视的笑容，嘴角一斜："有什么好哭的。"

"你知道我最烦她什么吗？她后来居然在班上发起募捐，给我捐款，把我的事说得全世界都知道。真是太讨厌了！我要她给我钱了吗？我跟她说我穷，我需要她给我捐款了吗？真是自作多情！"说到这里，N把手里的纸杯往桌上重重一放，纸杯里的水溅了出来，弄得桌面一片水渍。

N是因为跟班主任大吵大闹，还动手想打班主任，被几个男老师摁住才没打到班主任。N在走道里大声喧哗，要求换班，扬言不换班，见到班主任一次就打一次。其他老师、年级领导、德育处领导都纷纷出面，还是没办法。最后只好给N转了班。可是，所有的人都弄不明白，班主任老师这样关心她，她非但不感恩，还恩将仇报，还要打班主任，真是心理有问题，于是就弄到我这里来了。

N从记事起就没见过爸爸妈妈，奶奶说，爸爸妈妈在北京打工，要挣钱养家。N就信以为真，可是，小伙伴们却说，N的爸爸妈妈不是好人，早就死在外面了。刚开始，N很伤心，只会哭，可是哭不能解决问题，小朋友还会跟在她身后奚落哭泣的N，一直跟到她回到家里。奶奶就会出门呵斥那帮小孩子，驱散他们，然后劝慰N。

N问奶奶，到底自己的爸爸妈妈在哪里，他们是不是坏人？

奶奶无奈地叹气，什么都不说。

N的心里埋下无数个疑问。

再次遇到小朋友说“她爸爸妈妈是坏人、早就死在外面了”之类的话，N二话不说，就开打。有时候打赢了，自己也弄得一身脏，有时还会受点伤；有时候打输了，被抓得脸上、手上到处是血印子；有时候，头天打赢了，第二天输家又叫了一帮人来报仇，自己又会被打得很惨。

N慢慢总结经验：女生留长发，打架时很吃亏，于是剪成板寸；穿裙子，打架不方便，再不穿裙子，衣柜里只有耐磨、结实的牛仔裤、运动裤之类的；书包里也开始装些可以做武器的东西；看到情形不对，先跑，跑不过，先出手，要狠，一击重创，不给对方还手的机会，但是不能出人命……

N似乎走上了一条危险的道路。

可是，慢慢地大家伙不再找她麻烦，反正，就是没人理她，好像大家都无视她的存在。后来，N才知道，奶奶去找了政府，要求政府给她一个话：要不要她们祖孙俩活？

N很好奇，自己的爸爸妈妈到底是什么人？为什么别人都说他们不是好人，还希望他们早点死在外面？N四处打听，后来陆陆续续了解到一些信息，渐渐勾画出爸爸妈妈的形象：

N的爸爸以前不好好读书，很早就辍学，在社会上晃荡，后来去了沿海城市，跟了黑社会老大，好像是开赌场的，爸爸就看场子。后来，老大坐牢了，爸爸也被关了一段时间，放出来后又转到云南，好像开始贩毒。后来又被抓了，现在还关在监狱里。至于妈妈，好像是爸爸在看场子时遇到的，两人好像也没有结婚（拿结婚证），就那么在一起，后来又一起去贩毒。但是，在抓捕时，妈妈被打死了。

至于N，从一出生就被留在了老家，给奶奶抚养。刚开始，爸爸妈妈给家里留了不少钱。可是后来因为爸爸贩毒，家里的钱就被当成“非法所得”没收了。N和奶奶失去了生活保障，奶奶就抱着当时还在襁褓里的N去找政府，“要生活”，后来，民政局考虑到她们的具体情况，就给她们批了低保。奶奶又做些针线活儿补贴家用。

至于为什么别人家对他们有这么大仇，好像是因为，有一次，爸爸妈妈回家探亲时，有个小年轻很羡慕他们夫妻俩能挣这么多钱，虽然知道这些钱来路不正，但是抵不住诱惑，就觉着自己拼死拼活干一个月才挣多少，他们一趟买卖就弄一辆车的钱，所以死皮赖脸地要跟他们一起干。夫妻俩怎么说都不同意，小年轻就扬言要去揭发，弄得夫妻俩没办法，就跟他说，干这行的都不得好死，要有胆子。小年轻还是不怕，爸爸就说，干这行的都得有胆子，问他敢不敢吸毒。于是拿出一些毒品，摆在小年轻面前。爸爸原本是想吓唬吓唬他，让他知难而退，谁知道，话还没说完，小年轻就抓起来往嘴里塞，爸爸一把没夺下来，连忙给小年轻做抢救，可是，小年轻还是死了。

这就结下仇了。

别人家就觉得你们一家人发财，我们也没拦着，你们干什么还要害乡里乡亲的。

爸爸妈妈死的死，坐牢的坐牢，也没能减轻N和奶奶在乡亲、邻居心中的原罪。于是，就出现小朋友欺负N的事情。后来N才知道，她奶奶种的菜也经常被毁，她爷爷的坟都被刨过。

N也很愤怒：我爸我妈犯的事，他们自己已经承担了后果，该死的死了，该坐牢的坐牢了，凭什么还要欺负我们没做坏事的人，就仗着你们是大人，我们一个孩子、一个老人。你们多能耐啊！

于是，N就觉得什么人都靠不住，只有自己才能救自己。于是，N开始琢磨，怎么才能不受欺负？

读书，N觉得自己不擅长读书，而且，读书又怎么能救得了自己呢？读书周期也太长。

那么就只有“兵来将挡，水来土掩”——你们要是敢找上门来欺负我们，我就要当场打回去，绝不手软。

于是，N开始练习拳击。刚开始，是自己一个人瞎练，后来有一次看到电视上有拳击的比赛，她就聚精会神地看，看完就开始自己练。后来，又找到健身馆有教拳击的，但是费用太贵，自己没钱。跟老板好说歹说，老板同意她到健身馆打工，不交费学拳。

N就开始在健身馆打工、学拳的生活。刚开始，N放学以后来，干到健身馆关门，干5天，上一次课。N是铁了心要学拳的，于是学得很认真，没事时勤加练习，别人教拳，她就在旁边偷师。

后来，N进步很快，老板就跟她商量，问她愿不愿意当陪练。当陪练的话，就不用干杂活，还可以学拳，而且如果客人满意，还会有小费，健身馆不抽成。

N算了一下，马上同意了。于是就有了N经常鼻青脸肿的样子。

“我不是不会躲，但是你每次都躲了，客人老打不到你，她就会不高兴，下次就不找你了。我就躲几次，然后被她打到一次，这样，客人才会觉得有进步，才会继续来。”N很狡黠地笑了一下。

N觉得，自己的爸爸妈妈已经为他们自己的事负责了，自己不应该受到牵连。所以借这些事来欺负自己的都是孬种，都是窝里横。

自己能解决自己的生活，不需要谁的怜悯。班主任算干吗的？又是哭，又是发动募捐的，做什么嘛？显得你多伟大，有慈母心啊？我自己的生活自己解决，你也别想通过帮助我来获得优越感。放到街面上，咱们谁能活下去还不一定呢！

N从小就没有完整的家庭，只有奶奶作为身边唯一的亲人给予她关心和照顾，成为她的亲密关系，是她的重要他人、重要客体。奶奶也能在关键时刻给予她保护和支持，这些对于N都是非常宝贵的资源，也是她在艰难的生活重压下，没有垮掉的原因。

周围人的敌意和伤害使N学会了从“恶意”的角度揣度人心。也许在N的字典里，就没有“世界充满爱”这种说法，每个人都是在借一些事寻求自己的满足。

比如：年轻未经世事的班主任看到人间的苦难和N的困境，也许是触动了她自己，才会流下泪来，可是在N看来就觉得“矫情”，自己经历的比这苦得多了，这就要哭一下，那自己还不得哭死，就打心眼里瞧不起班主任。后来，班主任希望通过募捐的方式给予N经济上的帮助，但是，事先并未征求N的意见，在N看来就是对她的可怜，是对她的施舍，这些募捐的人就会有一种道德上的优越感，今后他们就可以对她颐指气使，就可以瞧不起她，而这是N无法接受的。

班主任对她的善意（也许由于班主任工作时间尚短，对于学生的思想工作了解不够深入，对于世事人心理解不够全面，所以，可能怀抱着美好的初衷，却在无意间给对方造成伤害），在N看来全是别有用心。

这些奇怪的情感体验模式和思维方式都是过去人际关系模式在当下这一时刻、这一事件中的“活现”（或者也可以叫“再现”）。这种“活现”是规律性的，只要N的内心没有改变，就会在任何可能触动她的“当下”再次发生。这不是N的思想有问题，更不是N道德品质恶劣、恩将仇报，而是由于早年的人际关系模式对她“现在真实生活的影响”。

这需要心理治疗/心理咨询，才能给她切实的帮助。

也许我们可以这样说：N不幸的身世和遭遇、不幸的早年经历都给她造成了伤害，而这些伤害不仅仅是发生在过去的某个具体的事件或时刻，这些伤害会一直伴随着N，在她生命的任一时刻、任一事件中，像个魔鬼似的突然跳出来，惊吓到N，也惊吓到N周围的人。

## 【给家长的建议】

1. 守好自己，不给孩子造成伤害。

“家里有人坐牢”带来的羞耻感、自责、内疚、愤怒，会时时萦绕在孩子心头，使他们无法面对自己、面对身边人、面对生活。特别是当“犯罪分子子女”这个头衔随时跟着自己、使自己看起来很另类，被周围的人以异样的眼光注视和回避时，这种煎熬没有几个人能够承受。

同时，由于孩子可能因为父母的犯罪给自己造成的伤害和困扰而怨恨父母，紧接着的不是轻松，而是内疚和自责——因为不管怎样，他都是自己的家人，血浓于水，他已经在接受惩罚，自己却不能原谅他，不能给他机会。接下来，孩子可能会想：可是父母已经在接受惩罚了，凭什么我要跟着一起“成为坏人”“被人厌弃”“这些都是父母造成的”，所以“我恨他，我绝不原谅他”。这样反反复复的“怨恨父母——原谅父母——怨恨自己——可怜自己——怨恨父母……”的模式会给孩子造成心理上的重压，也会影响他今后的人际交往模式和他的自我意识形成。

切记：

“冲动是魔鬼。”

“任何问题至少有三种解决方案。”

“逼迫你的从来都不是别人，是你自己。”

所以，无论如何，凡事三思而后行。

2. 如果已经坐牢，不要让孩子在失去父母朝夕的陪伴之后，又失去父母亲情的陪伴，使他们成为真正的“孤儿”。

孤儿——父亲死亡或父母双亡的孩子。父母的死亡给孩子带来的现实困境是什么？是物质生活失去保障，孩子可能活不下去；是情感世界的重大丧失，感受到“父母的抛弃”——父母的死亡是对孩子的重大伤害，因为父母抛下孩子独自在这个世界上生活；使孩子失去可以学习的“成年的榜样”，使孩子失去可以参照的对象……

父母坐牢，孩子从物理空间上失去了父母，从情感层面上也失去了父母，在道德层面可能还需要“批判”自己的父母……从某种程度上讲，父母坐牢对孩子的伤害可能比父母死亡造成的伤害更大。

因为有时候父母的死亡是人力无法避免的，是无可挽回的，而父母的坐牢却是可以避免的，是可以挽回的。而这种努力，有时候就在父母的一念之间。

所以，孩子要怎么看待自己在牢狱中的父母呢？

是批判、是原谅、是同情、是憎恨……

孩子又要如何看待自己呢？

自己是个注定的、天生的“坏种”，因为“龙生龙，凤生凤，老鼠生儿会打洞”；

自己一出生就带着原罪，就该为父母的罪行赎罪，就该忍受别人的鄙视、欺辱；

我凭什么该为他们的罪行承担连带责任，他们是他们，我是我，所有“欺负”我的都不是好人，都该受到惩罚、遭到报应……

这所有的一切都会在孩子的生命中留下印记，给他的生活带来可见和可预知的困难。

所以，如果已经坐牢了，千万不要自暴自弃，要经常跟家人尤其是孩子联系，给予他们情感上的支持，在情感上跟他们再次联结起来，帮助他们克服生活中、情感上的困难。

3. 呼吁全社会，不要歧视任何少数群体。

少数群体并不是罪过，有时候也不是他们自己选择的、不是他们可以控制的，比如：残障人士、罪犯家属子女、离异家庭成员、单亲家庭成员、留守儿童等（虽然后三种人群已不再是少数，但是我们还是可能会觉得他们跟我们不一样）。

我们不歌颂苦难，我们更不能人为地制造苦难。

所以，呼吁全社会，接纳每一个与众不同的生命形式，接纳每一个与我不同的生命形式，接纳每一个不符合我的期盼的生命形式。这种意义上的接纳别人就是在营造别人接纳我们的空间。

## 【给孩子的建议】

1. 接纳自己的人生，接纳生命的不完美。

这世界上就没有“完美的人”，也没有“完美的人生”，我们每个人都是被上帝咬过一口的苹果，都带着某种“残缺”“不完整”来到这个世界。有的人甚至被上帝咬过好几口，那也许是因为他特别的甜美，所以上帝才忍不住多咬了几口——也许这样的人生更加丰富多彩，成果也更加辉煌灿烂。

所以，接受自己无力改变的部分，也许，在生命的某一个转角，我们的“不完美”正是成就我们的天赐良机也未可知。

2. 寻求专业的心理帮助。

我们每个人都不是超人，都有自己扛不住的时候，这时，我们就应该寻求专业的心理治疗帮助。

也许，在我们看来，不是自己有问题需要解决，而是这个世界病了。那么，我们就一起来看看可以做些什么来医治这个生病的世界。

# 第十五节

## 别惹我——
## 问题家庭的问题孩子

O 的班主任一个月前就预约了我，学校另一个老师也打电话给我，请我帮帮忙。

还没见面呢，我的心里就埋下了一个问号：这是一个怎样的孩子，又生活在一个怎样的家庭，以至于身边这么多人这样关注他？

O 爸 O 妈一起来的。

O 妈一来就不停地说，让人无法打断。

O 爸一直沉默，用手撑着头，斜着，没有任何的目光交流。

O 家里现在有 6 个人，外公、外婆、O 爸、O 妈、O、妹妹。

O 今年 14 岁，初二，妹妹 5 岁。

O 爸是上门女婿，目前在一家建筑公司任职。O 妈目前辞职在家，专门照顾 O。

班主任的描述是：O 在学校一切都好，对人和气，学习成绩也还行，可是，从 O 妈那里得到的信息是，O 在家对人没礼貌，回家进门不叫人，不和任何人交流，一回家就进自己的房间，吃饭都不出来，在家就知道玩手机、打游戏，还和 O 爸、外公都发生过肢体冲突。班主任也觉得惊奇，这反差也太大了吧！

妈妈的描述是：O 在胳膊上划口子，拍流血的照片，发到 QQ 空间里；有人的时候表现得对妹妹很不好，家里没人的时候，会把妹妹照顾得很好；家里谁的话都不听；就知道打游戏。

邻居（也就是给我打电话，请我帮帮忙的那位老师）的描述是：这家的 O 妈非常溺爱孩子，孩子要手机，就买手机；孩子要平板，就买平板。家里经常发生家庭暴力事件。不是外公打 O，就是 O 爸打 O，弄得四邻不安，经常半夜三更的被惊醒，起来劝架。整个家里就是一团糟，大人乱作一团，有打的、有劝的、有叫的、有闹的、大人吵、妹妹哭……

O 爸——什么也没说……

O 爸 O 妈经人介绍认识，O 妈了解到 O 爸从小经历了很多的痛苦和不幸，O 爸靠自己个人奋斗，走出了出生的环境。交往期间，O 爸待人很好，虽然话不多，但是很能替人着想。婚后，由于O爸是搞工程的，O妈是做财务的，也是在工程队上，工作地点常年随工程队到处迁移，夫妻处于常年分居的状态。O妈为了能和O爸有相处的机会，一有空、休假什么的就会到O爸所在地跟O爸见面。

后来O妈慢慢发现，O爸平时还好，一喝酒就会打人。

刚开始，O妈忍耐。

可是，有一次O妈带着几岁的O去O爸所在的地方探亲时，发生了一件事，O妈就跟O爸说："今后不会再忍耐，要是再打我，就离婚。"

事情是这样的：O妈带着O到O爸所在地探望爸爸。晚上，O爸在外喝酒，O妈给O洗了澡，O爸正好回来，O妈让O爸给O穿上衣服，自己好去洗澡。谁知，O妈自己洗完澡回来，看到O光着身子坐在床上，O爸自己歪在一旁。寒冬腊月的天气，O光着身子坐在床上，晾了至少半小时，O妈很生气，一边数落O爸，一边给O穿衣服。哄睡了孩子，O妈又数落O爸，O爸就扇了O妈几耳光。O妈怕惊醒一旁的O没有作声。隔了一些时候，一次外婆在数落O爸时提到这次女儿被打事件时说："你别以为我不知道你经常打我的女儿，上次你打她，她没有回来说，可是O跟我说你'半夜打妈妈'。"O妈就跟O爸说："要是你再打我，我就跟你离婚。"

后来，O爸O妈的关系一度恶劣到离婚边缘，两个人半年没有见面，没有联系。O上小学了，O妈想到孩子不能没有父亲，加上公公生病，丈夫家人都联系不到他，就联系到自己，自己去探望生病的公公，公公嘱托自己，一定要守好这个家，不能让这个家散了。于是，O妈又决定再给O爸一次机会。

之后，O爸就没有再打过O妈。

但是，O爸开始喝醉酒就打O。

O爸是家里最小的孩子，可是，一家人关系都不好，哥哥姐姐都不喜欢O爸，每个人相互都不喜欢。O奶奶是童养媳，从小在O爷爷家受到很多虐待，O爷爷也常年酗酒，一喝酒就打老婆，以致O爷爷重病住院时，O奶奶都不愿出钱为O爷爷治病，还虐待O爷爷。O爷爷去世，O奶奶也不允许O爷爷的尸体停放在家里，把家门锁上，任谁说情都不开。三伏天气，O 爷爷的尸体只好停放在院子里……

O 爸从小就不表达自己的情感，埋头读书。终于通过读书考上大学，走出了自己的原生家庭，并且跟自己的原生家庭保持距离，很少跟他们联系，以致 O 爷爷病重，家人都联系不上他。

O 爸和 O 妈认识，觉得 O 妈亲切、温和、善良。谁知婚后，O 妈变得唠叨个没完，还一直指责自己常年不在家，没有尽到一个父亲的责任。“我有什么办法，做工程就是这样，就是会常年在外、四处奔波，这些她都是知道的，她自己就是干这行的，还说出这样‘混账’的话，这简直是太无理取闹了。还一直说，孩子变成今天这个样子，全是因为我很少跟孩子交流，没有培养起父子之情……那她又做得怎样呢？一味地溺爱孩子，孩子要什么就给什么，要手机就买手机，要平板就买平板，买了又管不好，让孩子沉迷网络游戏，还有脸来说我！”

O 爸自己从小就没有得到家人的关怀、没有感受到家庭的温暖，现在做上门女婿，就低人一头，每次回家就要看岳父、岳母的脸色。“我在外拼搏，要养活一家人，经济压力就够大了。在外要看老板脸色，回家还要看岳父岳母的脸色，老婆还絮絮叨叨说自己这没做好、那没做好，这日子简直没法过了。生个小兔崽子，还不知道好好学习，一味地玩游戏，也不跟我亲近，还要我像个孙子似的去迁就他，去跟他谈心……”

由于 O 爸 O 妈工作性质的原因，O 从小就跟着外公外婆生活，外公是个很强硬的人，说一不二，而且要你“立刻”“现在”“马上”去执行他的命令，刻不容缓。小时候还好，O 很乖巧，爷孙俩感情很好。后来，O 慢慢长大，不会再“立刻”“现在”“马上”去执行他的命令了，外公就变得怒不可遏，大声呵斥，不见 O 行动就动手打人。O 妈从小就是这样长大的，对此她也毫无办法，只有让 O 迁就、顺从外公，怕把外公气坏了。外婆倒是一直都和颜悦色的，因此，O 在家从不跟外婆发生冲突。

见到 O 时，看到的是一个清秀、略微显得消瘦的男孩，校服洗得干干净净的，脸上却有明显的伤痕，手上也有星星点点的伤疤。

他低垂着眼，不抬眼看人，只有你问到他不确定的话题，他才会抬眼看你一下。

说到最近一次爸爸为什么打他，他是这样描述的：

那天O早早就睡了，O爸很晚才回家，又是喝得大醉，他还跑到O的房间里开灯写信——因为，只有O的房间里才有写字台——他一边写信，一边喝酒，一边哭，絮絮叨叨地说自己好辛苦、压力好大……

后来O爸就倒在O的床上。

O向旁边挪了一下，O爸就说："你娃娃还没睡嗦。起来，说一下你咋不好好读书！"

O不想理他，就不吭声。

O爸就用手打O露在被子外面的手。

O说："别动我。"

O爸就咆哮起来，把O从被子里揪出来，甩手就是几耳光，一边打一边骂："我还动不得你了！老子不打死你！你娃娃就是欠收拾！就是没打够！"

O也咆哮起来："你打嘛！有本事你就打死我！"

父子俩就开打，一个掐着对方的脖子狠命地扇耳光、打头，一个用手阻挡、推搡。喝醉酒的人脚步踉跄，O爸脚下不稳，摔倒了，把穿衣镜碰碎一地。

结果惊动一家人，"好戏"上场：外公咆哮、外婆劝架，O妈拉O爸起来，O爸挣扎着推开O妈，妹妹站在旁边看着一切，哭……

"你给老子滚出去，我就当没生你！"

"滚就滚！"

……

O一边叙述，一边止不住地流眼泪，用手不停地抹。

我问道："为什么不管家人跟你说什么，你都不给家人回应？"

O说："我说什么有用吗？"

外公是那种——你必须无条件"立刻""现在""马上"去执行他的命令，刻不容缓的人。他要是喊你去做什么事，你最好马上、立刻去做，否则，就算你最终做了他要求的事，你还是会被他打一顿。

妈妈是那种可以3小时不停口教育你的人，你根本插不上话……

爸爸平时根本不在家，回家也不跟人说话，一喝酒就打人……

家里就只有外婆对我最好。可是外婆也做不了主。

妹妹，所有人都喜欢妹妹。她小、她乖、她可爱……

“为什么要割伤胳膊，还要晒图？”

其实也没什么，就是觉得心里很空，很难受。同学有几个也这么做了，自己也试试。割的时候，心里其实很平静，就想看看是什么感觉。其实并不怎么痛，看到血流出来，弄得到处都是，反而心里有种很确实的、痛快的感觉。

“为什么喜欢打游戏？”

“游戏好玩呀！

“打游戏的时候可以什么都不想，可以非常投入，什么烦恼都没有啦！而且，我在游戏里可以非常成功，很多人都喜欢我，不会像在家里一样，每个人都嫌弃我，每个人都说我这不好那不好……”

列夫·托尔斯泰曾说过：“幸福的家庭都是相似的，不幸的家庭却各有各的不幸。”

其实，并不是这样的。

现实生活中，每个家庭都会遇到各自不同的困难，但是，幸福的家庭家人之间彼此支持帮助，共同面对困境，再大的困难都可以克服，家人之间的情感会因为共同经历了困苦而更加深厚和牢固。与之相反，不幸的家庭家人之间正缺乏这种彼此之间的“支持”“关心”“帮助”和“爱”。也许彼此之间感受到的可能更多的是“伤害”“不理解”“痛苦”“挣扎”……

幸福的家庭是因为彼此之间有深刻的情感联结，而不是因为没有遇到苦难。而不幸的家庭，除了不可抗的外力之外，更重要的是家人之间缺乏情感的支持与联结，就如同O的家庭。

O爸自己的“心伤”没有得到治愈，带着这样的“心伤”，他希望找到一个可以疗伤的地方。可是，O妈的家庭环境明显并不符合他的预期——外公是个强势的人，外婆是个“软弱”的人，跟O爸自己的原生家庭很类似，略好一点的是，外婆不像奶奶那样“决绝”，外婆的“软弱”也许是一种“柔和”的力量，它承载和化解很多强势的力量，使这个家庭还有某种黏性，还有可以容纳的空间。

O妈从小生活在强势的外公和“软弱”的外婆组成的家庭中，作为独生女，O妈从小被教养成“温柔”“隐忍”“有责任”。同时，O妈的攻击性虽然不以“肢体暴力”的方式展现，但是会以“语言暴力”表达。因此，O妈很能说，可以连续不断地说上3个小时不停口，她可以不断地攻击对方，使对方不堪其扰。

在O爸和O妈这对夫妻之间，一个不善表达自己的情感、一个非常善于使用语言进行攻击，一个沉默寡言、一个絮絮叨叨说个不停。O爸的不善言辞，可能使O妈感到自己的表达在O爸那里没有得到足够的重视，因此会加大使用“语言”的力度和强度，这可能反而使O爸想逃避。加上O爸O妈工作的性质，使夫妻二人平时很少有时间生活在一起，使夫妻二人对彼此的了解、理解程度较一般常年生活在一起的夫妻更低，彼此在情感上对于对方的理解和接纳程度自然会更低一些。当生活中遇到非常具体的困难时，缺少了解、理解、交流的夫妻之间产生龃龉非常正常，相互之间的指责、攻击成为常态，面对对方的指责，推卸自己的责任、逃避也就非常常见了。

而当夫妻双方都无法正视自己的责任、无法调整自己的行为，没有将“解决问题”作为行动方向，而是将一切问题归结为“只要你改变了，一切就解决了”，那么，问题不仅得不到解决，还会加深夫妻间的裂痕。

同时我们也要看到，孩子身上出现的问题行为，往往是家庭问题的反映，是孩子在具体环境中的“适应性行为”（虽然在外人看来，这些行为都是“不适应”的，都是“不良”的）。试想，如果孩子不这样做，他又该怎样活下去？

孩子出了问题，是整个家庭一起努力做一些改变的契机。

如果家长觉得“这些都是孩子的问题，是孩子的错，只要孩子改正自己的行为，那么一切都解决了”，那么孩子的问题并不会得到解决，还可能会固化，可能会成为影响他一生的症结。孩子也可能成为另一个带着“心伤”的个体，生活在世界上。

他的一生又将如何？

不得而知。

## 【给家长的建议】

1. 稳固家庭的关键是每个家庭成员都得到家庭的滋养。

我们每个人都来自家庭，家是我们安身立命的根本。

我们都想从家庭中获得滋养，如果只获取从不付出，家庭就会分崩离析，就像银行储蓄一样，只取不存，迟早会户头空空如也，只能销户，要是开的是信用卡，透支的后果更严重，伤人伤己。

因此，家人之间的情感也要经常维护，家人之间要经常性地聊天、谈心，了解对方对家庭、每个家庭成员的认知和评价，谈谈各自的感受能更好地增进情感。

家长也许有很多的人生经验、生活经验可以分享，但是，家里没有上司与下属的关系，没有谁应该、必须去执行另一个人的命令。有时候，自然后果带来的教育远远胜过家长苦口婆心的教导和暴风骤雨的肢体惩罚。

所以，家庭情感银行，要取也要存。常常聊天，了解彼此对一些家庭事务的看法和感受，从根本上了解一个人，尊重一个人，而不是将对方当成自己的从属，使每一个人都能在家庭中得到滋养，每一个人都能在家庭中获得舒展的机会。

2. 夫妻情感稳固是家庭关系稳固的关键。

中国传统家庭相信阖家而居是非常幸福的事，这在传统的农耕社会，生活经验的传承对个人非常重要的时代是正确的，而且当时重要的生活资料、生产资料仍掌握在大家长（很可能是一家之主的父亲或者爷爷）手中，这更是非常必要的。

但是，现在的家庭结构往往是一家三口或四口的小家庭模式。爷爷奶奶或者外公外婆已经不再是核心家庭的重要成员。祖辈、父辈两代人的生活理念、生活方式常常存在很多差异，在子女的教育上也可能会出现重大冲突。

如果因为各种原因，不得不几代人共同生活，那么，夫妻俩应该协商、确定好自己的身份、地位、各种关系等重要的事项，并且取得家人的一致认可。否则，到底谁是一家之主，出现需要决策的重大事项时，该谁拿主意，就会是一件让人头痛的事。

夫妻稳定好关系，出现任何问题时，夫妻都以协同的方式面对，会减少矛盾和纷争。这样可以尽量缓和女婿与岳父岳母、媳妇与公公婆婆之间的矛盾冲突。

3. 处理好自己的问题，才有能力应对生活中的种种难题。

成长的过程就是不断受挫、不断“社会化”的过程，使我们每一个“自然人”成长为了解社会规范，懂得人情世故，会根据具体的情境采取适宜的行为的“社会人”的过程。在这个过程中，我们每一个人都会感受到一定的“创伤”。

如果一些人更加不幸，经受了更多的“创伤性事件”，那么，他可能会真的带着“心伤”在世间行走，寻求疗愈的可能性。

也许，他很幸运能遇到一个非常适宜的伴侣，能够帮助他疗愈心伤。但是，我们不能指望每一个伴侣都是“心理治疗师”或者“心理咨询师”，更何况，“医者不自医”，在家庭中，“治疗师”“咨询师”也仅仅是“家庭角色”，而不是“治疗关系”中的“功能性的角色”。所以，我们的“心伤”需要我们自己去寻求专业的帮助获得解决，而不是寄希望于伴侣来解救我们。

只有当我们自己的问题得到解决，我们“痊愈了”或者至少我们有能力去面对生活可能出现的种种问题时，我们才不会给自己生命中的重要他人——父母、伴侣、子女带来新的伤害。

## 【给孩子的建议】

1. 没有命运的不公，只有命运的选择。

我们一出生，很多事都是我们自己无法改变的，比如有什么样的父母，有怎样的家世。但是，有些事还是我们可以改变的，比如我们自己选择走怎样的路。

比如案例中的O爸，面对困难的成长环境，他选择通过考大学摆脱艰难的处境，并一直为此而努力，最终他成功了。

当然，他其实也可以选择将自己内心的压力、痛苦与妻子分享，而不是选择自己默默承受和隐藏。人的承受能力是有限的，当我们承受到极限，我们总会采取一定的方式释放压力。O爸承受不了时，选择的是“借酒浇愁”和“家庭暴力”的方式，这些明显是无效的方式，还带来了更严重的后果。

所以，当我们面对一些我们无法决定、无法改变的情境时，我们还可以选择以不同的方式去应对。

2. 逃避不是好方法，终究还是需要面对。

逃到游戏里，是可以获得一时的畅快，但是，荒废学业，换来的是一世的“有心无力”。

要想改变自己的困境，要么是周围的人都改变，如果这不现实，那就改变自己所处的环境——离开自己的困境！怎样的离开会是比较好的呢？目前可预测的就是通过考大学的方式离开。这就需要认真学习获得好成绩，而不是通过打游戏的方式。

当然这需要我们忍受一时的痛苦，忍受没有离开时的每一天的煎熬。可是，如果你不能通过考大学的方式离开，你将面对的是长年累月的“每一天的煎熬”。

所以，是一时的痛快长久的痛苦，还是一时的痛苦长久的畅快，你需要自己做一个抉择。

3. 寻求专业帮助，建构自己强大的心理。

没有风雨的人生是没有可能的，也是没劲的。

我们需要的是可以应对一切的心理承受能力，而不是没有任何问题的环境。

所以，当我们遇到人生的困境，我们需要寻求专业的心理帮助，帮我们建设强大的心理，可以面对人生中的一切风雨。

# 第十六节

## 黑天鹅文身——寻找人生方向的孩子

S是她妈妈推搡拉扯着来到办公室的。

原因是S在自己的身上文了一只“黑天鹅”，而且还是文在“私处”。

S是大家眼里的好孩子，妈妈的骄傲。

自从离婚后，妈妈没有一天开心过，全部的心思都在S身上，希望她好好学习，将来考上好大学，离开这个地方，自己也可以和她一起离开这个地方。

S一直都表现得很好，学习努力，成绩优异，没有结交任何妈妈无法接受的“坏朋友”。

“她到底是什么时候学坏的？跟谁学坏的！”S妈妈无法理解，脸胀得通红，眼中射出无法理解和不可原谅的怒火。

S昂着头，朝向另一边，像是在遐思，像是没有在这个时空。

S高高的个子，头发梳得整整齐齐，校服干干净净，一个“好学生”的标准样子。

我不禁会想象她的文身到底是什么样？是谁给她文的？具体文在哪里？为什么要文在这里？她出于什么动机文的？为什么会选“黑天鹅”，有什么寓意吗？

……

很多的疑问，这些都只有她能告诉我答案。

爸爸是什么样的人，S没有印象，听妈妈说，爸爸是个有理想、有追求的艺术家，他为了能上大学，曾经到沿海地区打工挣钱，在那里遇到了妈妈。

“同乡”的身份使他们很快关系密切起来，妈妈常常帮助、照顾爸爸，使爸爸感受到除了家人之外的温暖和支持。后来，他们结婚了，妈妈很快怀孕，并在老家生下了S。但是，爸爸却留在那边打工，因为他还不死心，他还想上大学，学艺术。

两地分居，妈妈开始担心爸爸一个人在那边不知道会怎样，不停地催促爸爸返乡过踏踏实实的日子。可是爸爸却日益疏远妈妈，后来，两人就离婚了。

从小，S就没见过爸爸，连一张照片都没有见过，据说是妈妈一把火全烧了。

后来，S曾到爸爸的老家去找过亲人——虽说爸爸妈妈是“同乡”，其实，他们的家还是相距挺远的。

妈妈常说：爸爸很有才华，是个天生的艺术家，可是家里没钱，也不支持他学艺术，所以他才离开家到很远的地方打工挣钱。可是，打工并不能挣到足够的钱，而且，渐渐地学业荒废，年龄渐长，又结了婚……这一切都使爸爸无法再考大学。

爸爸低落了一段时间，加上结婚、孩子的出生，经济负担的增加，妻子不断催促返乡……爸爸有很长一段时间非常抑郁，似乎找不到人生的方向……

后来，爸爸不再想考大学，而是就自己的天赋和工作环境结合开始搞艺术创作。

慢慢地，他找到了既可以施展自己的艺术才能，又可以养活自己的工作，经济收入渐渐增加。他终于觉得可以扬眉吐气了，可以让家人看到自己当年的坚持不是没有道理和出路。可是，当他回到家乡，却发现家里的人没有为他实现理想而高兴，而是想着能从他那里得到多少经济资助……

这真是让他很崩溃——想当年，家人没有支持他的志向，不理解他的选择，反而是逼迫他说：没钱供他上艺术类大学，他要想上就得自己挣钱，家里还有几个孩子，不能都给他了；学艺术没前途，养不活自己，花费又大，还不如去打工，挣踏踏实实的钱……

现在，自己实现了当年的梦想，家人不仅没有意识到他们当年的错误，反而还想从自己身上获得利益，真是不知道他们是怎么想的，简直太没人性，不通情理……于是，爸爸毅然地返回他打工的地方，再不回家乡。

当年，他衣锦还乡时，妈妈很是为他高兴了一阵，觉得他真是一个有才华、有毅力的艺术家；又觉得自己很有眼光，能发现他的才华和能力。就希望他能返乡生活——妈妈觉得毕竟自己现在年龄也大了，不适合再到外地打工，去了也找不到好工作，孩子还小需要照顾，如果带着孩子到外地打工，没有户口什么的会交更多的学费，不值得。不如爸爸回来，一家人在城里买套房子，爸爸可以在城里开始自己的事业，爸爸的艺术理念对于城里的环境而言是非常新的，一定会吸引很多客户。

可是爸爸却觉得，妈妈变了，变得目光短浅——自己的理念回到故乡并没有市场，故乡的人没有这种时尚的观念，也没有这样的消费实力，自己回乡只会是死路一条；孩子的教育正是要从小抓起，自己当年就是没有环境也没有经济支持，才会走了这么多弯路；至于妈妈不想外出打工，那就到自己的工作室帮忙，也是一样的，至少煮煮饭、做做卫生，也会省下一个人工，相当于是在挣钱，而且还省不少呢。

可是，他们沟通很久都不成功，爸爸就决定自己先回去，妈妈在家想想，想好了，再决定。

其实，妈妈的私心是：自己去了爸爸的工作室，就成了个老妈子、钟点工，而如果爸爸回来，自己就是艺术家的夫人，身份完全不同；自己在家可以说话算数，自己到了那边，算什么，他的事业自己根本不懂，插不上话；自己有份工作，不管挣多挣少都是自己挣的，活得自在，到了他那边，没有工作，没有收入，做的那些“煮煮饭、做做卫生”的事又不好要工钱……

开始，爸爸还挺热心地三天两头催妈妈做决定——其实就是希望妈妈到自己身边，而妈妈却迟迟不做答复，爸爸的电话渐渐少了，后来，就离婚了。

最初，妈妈是坚决不同意的，因为自己并没有做错什么，自己还为了支持爸爸付出了很多，凭什么现在爸爸发达了就要和自己离婚！而且，这样子在乡里会被人瞧不起，又会失去有力的经济支持……

可是，架不住爸爸不理、不联系的冷漠和爸爸唯一的条件——“要么来和我在一起，要么离婚”，妈妈的确觉得很难再到爸爸所在的地方去生活，还是自己熟悉的乡下生活和人情世故让自己安心。于是，妈妈开出的条件是：孩子的一切费用爸爸承担（包括：教育、衣食住行、参加各种培训、将来上大学、将来结婚的费用、买房买车，等等），一次性付给妈妈一笔巨款，给孩子在城里买套房，将来好到城里读书（房产证上是妈妈的名字）……

爸爸都答应了。

可是，离婚后，爸爸的家人却三天两头找上门来生是非，说凭什么离婚了给前妻那么多？凭什么自己家人都没见他给过什么好处？非要妈妈分点好处，否则就会一直闹下去……

妈妈弄得很恼火，觉得难怪丈夫对他的家人这么绝情，原来他们根本就不通情理，本来自己还觉得丈夫有点太绝情，现在倒替S的爸爸感到难过，想想他原来这么多年是怎么过的，就觉得他很不容易，对他的同情又增加几分，对他非要自己去和他一起生活的坚决又多了几分理解，开始怀疑自己的决定是不是错的，因为这样闹下去，自己的日子也过不好……可是，覆水难收，自己又能怎么办？只有盼着孩子快快长大，好好学习，将来能离开这个地方，自己也能和她一起离开。

于是，妈妈对S悉心栽培，凡是她想学的，妈妈都会不遗余力地支持，妈妈也相信爸爸曾经提到的“人要出去见世面”，于是，寒暑假妈妈都会陪孩子外出旅游。后来孩子大了，她更愿意和同学一起旅游，妈妈就让她和同学一起去，自己就在家等着，有什么学校组织的“游学”项目，只要S想参加，妈妈就一定支持……其实，妈妈是希望通过这样的方式让S虽然在农村，也能得到跟爸爸一起在大城市生活一样的机会和栽培，这也是妈妈对自己当年错误选择的一种补偿。

S就是借着这样的宽松和机会到爸爸的家乡去寻找自己的“根”的。

可是，让S惊讶的是，爸爸的老家因为农村规划改造整体搬迁，已经找不到任何人了。

S站在一个小山坡上，眺望四周的群山，听着各种山林里才会有的声音，尽力去感受爸爸当年的生命轨迹、成长心路……

返家后，S在网络上努力寻找爸爸的踪迹，终于找到了爸爸的联系方式，她跟爸爸取得了联系。在后来的通信中，S得知了爸爸很多信息，包括爸爸的成长历程、爸爸妈妈的相遇、爸爸妈妈的分开、爸爸现在在做的事、爸爸的理想抱负、爸爸的人生观价值观人生信仰……

S觉得在爸爸妈妈的故事里，谁都没有错，他们都是在做自己认为最好的选择，只是，事情就这样发生了，因为各种原因。

S开始反思自己的人生，自己要怎样活着呢？是像爸爸那样为了追寻梦想，不惜一切代价直到成功？还是要像妈妈那样希望通过成为“谁的谁”而获得成功呢？……

后来，一次偶然的机会，S了解到文身，觉得这很美，就想在自己身上尝试，可是，又觉得要是文在很显眼的地方，可能会带来很多麻烦，所以决定文在非常私密的地方。在选择文什么时，S一眼就看中了“黑天鹅”。

文身师在跟S交流的过程中，细致地了解了S文身的意图和选择图案的寓意。

S觉得这才是正确的打开方式——艺术应该是贴近人心的创造和表达，文身是一种对自身的修饰和表达，文身师应该在文身之前细致地了解客户的动机，而不应该是仅仅为了赚钱就不管不顾地文上去。

当然，考虑到中国的主流文化和现在的环境以及自己将来的学业和生活，S选择在很私密的地方文上自己喜欢的图案。

至于“黑天鹅”到底是什么寓意，S说：每个人都会有自己的理解，自己做不做解释都不能左右他人的想法，至于大众的理解，那既然是约定俗成的，自己也没必要去多说什么。

## 【给家长的建议】

1. 孩子在我们看不到的地方成长。

“孩子在我们看不到的地方成长”，我们能做的就是做好我们自己，营造一个好环境。

案例中S在外人面前是“好孩子”“好学生”，一副中规中矩的样子，但是她的内心却充满疑问，对自己的父亲、对自己的家庭、对生命的思考……而这些疑问和思考正是一个“人”的诞生。

当然，这些也让父母感到手足无措，因为有些问题是父母无法给出答案的，有些问题是父母自己也很难面对的。

所以，父母不必对孩子的每一天都了如指掌，这做不到，也不必为此而抓狂和焦虑，父母只需要做好自己，为孩子营造一个好的环境就可以了。具有成长原动力的孩子自己会去找寻自己的使命、探寻生命的意义 。

2. 承认自己作为一个人的所有局限，接纳自己，才能给孩子一个好的环境。

案例中，妈妈能够对S开诚布公，因为她意识到在自己的婚姻中，自己有很多限制，不管是自己的“私心”还是自己的“好逸恶劳”，这远比很多离婚的妈妈强得多。

能承认自己作为一个“人”的局限，承认自己的不足，是对自己、对身边最亲密的人的最大负责。

而爸爸对自己人生的检讨和反思，不仅弥补了自己常年不在孩子身边造成的“关系的缺失”，而且也给孩子树立了一个“积极向上”“努力追梦”的正面形象。当然，爸爸也没有文过饰非，没有将婚姻的解体一味地推卸给妈妈，他也承认，自己不能放下对家人的怨念，不能妥协，没有做更多的努力来挽救婚姻……

只有接纳了自己的局限，才能接纳别人的不足和限制，才能给家人一个宽松的环境。

## 【给孩子的建议】

1. 放下为父母负责的想法，成为自己就是对父母最好的负责。

很多孩子基于本能，竭尽全力做“父母满意的好孩子”，但是，没有人是为了别人而出生的，任何人都没有“承担别人生活”的责任和义务。

父母有他们自己的人生，他们要对自己的人生负责，我们也是。我们对父母最好的负责就是：成为我们自己，承担相应的责任，享受其间的美好。

2. 找到来路，只是开始，更重要的是探索去处。

哲学三大问：“我是谁”“从哪儿来”“到哪儿去”。

其中“从哪儿来”，既可以看到“我是谁”的部分原因，也是生发出“到哪儿去”的部分根源。

但是，我们最终还是要面向未来，去探索“自己最终会成为谁”。

所以，过去的一切，它是我们的成因，但并不能决定我们最终成为什么样的人。决定我们最终成为“什么样的人”的还是我们面向未来的努力，当下的付出。

# 第十七节

## 欢迎来到我的魔幻世界——缺乏现实感的孩子

P是班主任介绍过来的，因为他在班上“上课睡觉”“下课打架”“惊吓女生”……

“屡教不改！！！”

P坐到我面前时，我看到的是一个高高大大的男生，满脸青春痘，戴着牙套，深陷的双眼好像严重缺乏睡眠一样。

一开口，标准的普通话！

现年15岁的P，8岁时父母离异，P就跟着妈妈一起生活。因为妈妈说：爸爸不要P。

离婚时，爸爸净身出户，留给P和妈妈一套住房。妈妈却带着P到了另一个城市生活，只是每到周末会回到有房子的城市住两天。

妈妈说，离婚时，自己一分钱都没有，但是不能让孩子吃苦，于是，妈妈在几家企业同时做财务工作，没日没夜地工作。因为没有时间照顾P，P从小就被送到学校寄宿。妈妈为了工作方便，买了一辆车，四处奔波。母子大概只有周末一起到有房子的城市相聚才会见面。

周末的时候，妈妈会把房子打扫得干干净净，让儿子有一个整洁的生活环境。

同时，妈妈又因为非常疲惫，常常会躺在沙发上，一动不动。

妈妈为了锻炼儿子，让他自己一个人去做很多事，比如：让年仅13岁的他自己一个人坐车到省城大医院去看牙，挂号、等候、跟医生谈病情、从医生提供的治疗方案中选择决定如何治疗、约定以后的治疗时间、独自面对恐怖的牙医设备、接受治疗、取药、独自坐车回家，等等；再如：跟儿子约好一个见面地点，自己驾车过去，让儿子自己坐公交车过去……

有时候，P的表现让妈妈很骄傲，因为当别人家的孩子还什么都不行时，P就可以独自一人做饭、洗衣、照顾好自己的生活，不让妈妈太为他操心；可有时候，P的表现又很让她失望，比如：有一次母子俩去逛超市，到地下车库去取车时，P说，自己从超市地上出口出去等妈妈，妈妈自己去取车，结果，P迷路了，妈妈等了好久也不见P出来，又联系不到P，正在妈妈焦急万分时，P借了超市保安的电话打过来。妈妈载着P回家的路上情绪非常糟糕，不断咒骂，还使劲地摇晃汽车的方向盘，像是要让汽车撞毁一样，P吓坏了，后背紧紧地贴着座椅，浑身僵直。

P在寄宿学校结识了一些“坏朋友”，“坏朋友”带着P去“冒险”——到学校附近的小卖部“偷东西”。被抓住后，“坏朋友”全赖在P身上，因为“坏朋友”回家会被家长打死，P就莫名地“满怀都是赃物”。被妈妈带回家以后，妈妈咆哮、恸哭，要用剪刀剪掉P的手指……

事后，妈妈会给P涂药水，会抚摸着P的头，会历数自己的不容易，会将P拥进怀里痛哭……

P小时候生病，住院两周，爸爸一次都没有去看望过。那次生病的结果是，P留了一级和爸爸妈妈离婚了……

P不记得自己小时候的很多事，只有零星的记忆。

P记得自己小时候常常跟各种亲戚一起生活，反而是跟爸爸妈妈爷爷奶奶在一起的生活记忆很少。

从小在各种从没见过面，一见面就会被带走的亲戚之间“流转”成了P的常态。

在各种亲戚间“流转”的生活，要小心；寄人篱下的日子，要谨慎。亲戚有时候会“不怀好意”地问到爸爸、妈妈、爷爷、奶奶的事，P不知道该如何回答；亲戚的各种表情，让人费思量：

“他们到底喜不喜欢我呢？”

“他们到底怎么看爸爸和妈妈的事呢？”

“为什么我总是要在亲戚家生活，而不是跟自己的爸爸妈妈爷爷奶奶一起生活呢？”……

寂寞的童年，记忆深刻的还有爸爸妈妈的争吵，P常常听到爸爸妈妈为了自己的事而争吵，以致P觉得父母的离婚是因为自己的缘故，“要是当初他们让我选是跟爸爸还是跟妈妈的时候，我不选，他们就不会离婚了”！对此，P坚信不疑。

父母离婚后，P随着母亲离开了爸爸所在的城市，到另一个地方生活，据说是妈妈的故乡，可是，在这里，也只有妈妈和P。后来，P一直住校，“家”也就只是对一栋房子的称呼而已。而且，每到周末，妈妈总是让P坐车回到爸爸所在的城市，因为那里有爸爸留给他们的房子。

妈妈会自己开车回去，她会把房子打扫得很干净，但是她也会很累，等P坐车到家时，妈妈常常已经歪在沙发上睡着了。家里非常安静，P就会用妈妈的手机玩游戏、看漫画……等着妈妈睡醒。

妈妈常常教育P不要跟坏小孩交往，要记住小学时被“坏朋友”陷害的事。P时刻警惕，不让自己被“坏朋友”陷害。

P常常想不明白，为什么那个“坏朋友”要陷害自己，自己平时也没得罪他。

P也常常搞不明白成年人的世界。

有一次，P到省城看牙，在车站转车时，有个“大哥哥”跟P说，他的手机没电了，想用P的手机给朋友打个电话，还说，别担心，他把自己的手机给P拿着作抵押，P就不用怕了。P把自己的手机借给“大哥哥”，结果，“大哥哥”一边打电话一边往外走，越走越远，消失不见了。P不敢到处走，怕那个“大哥哥”回来找不到他，结果，等了好几个钟头，过了中午，还不见那人回来，P才意识到，自己被骗了。P非常生气，觉得大人不应该骗小孩子，还害得自己在那里等了半天时间，连看牙也给误了，妈妈的手机也给他骗走了……

“他真是个很坏很坏的人！”

P还记得自己在亲戚间“流转”时，“姗姗姐姐”常带自己去街上的游戏厅打游戏，而她自己却不知道到哪里去了，就把自己一个人留在游戏厅里。自己打完游戏，没有钱，“姗姗姐姐”又没有回来，自己就只好在游戏厅里等着她，有时候会等很久……

游戏厅里是很热闹的，但是，对于P而言，却只有深深的孤独感，因为一个人都不认识，也没人理他，他不知道该干吗……

身边真的没什么人值得信任，P只好看漫画，看日漫，对各种怪物题材的漫画、日漫、电影感兴趣。

那些怪物题材的作品总是能给P带来奇怪的兴奋和满足感，似乎它们的世界有着一套奇怪的法则，既怪异又非常有“Power”。那些怪物们都有着怪异的身世，都游走在正常社会的边缘，渴望被接纳，正常社会既畏惧他们又拒绝他们……每次看了这些，他非常兴奋，身边却没有人可以一起谈论。

“我最怕妈妈疯了！老师，你说，我妈妈会疯吗？”

这是P最常问我的话，每当他陈述一段发生在他们母子之间、以妈妈的情绪失控作为结局的事件之后。

P的妈妈跟P的爸爸感情一直都不稳定，P爸爸是被爷爷奶奶溺爱长大的，虽然长成了生理上的成年人，心智上仍然不能担当起一个丈夫、一个父亲的角色，负起相应的社会责任。

P的妈妈是家中最小的女儿，她出生时，P的外婆已经50多岁，妈妈的哥哥姐姐都纷纷长大成人，各自分家单过了。

P的妈妈表面上看是和自己的妈妈一起度过了童年，但是这“妈妈”也太老了，感觉上就像是自己的外婆一样。

那时，P的外婆身体已经很不好了，也没有奶水，家里经济条件也不好，所以，据说P的妈妈从小没有吃过一口奶，是吃米汤养大的。加上，哥哥姐姐时不时地会将各自家庭的矛盾带回娘家，给P的外婆增添了很多烦恼，P的外婆常常发脾气，情绪非常不稳定。

这给P的妈妈造成了深远的影响。

由于外婆的情绪不稳，P的妈妈从小就生活在不够安定的环境中，时时处于紧张焦虑之中，因为并不知道下一刻，外婆是高兴还是不高兴。P的妈妈要时时关注外婆的情绪状况，要负责照顾外婆的情绪，为外婆的情绪兜底，要使外婆的情绪好转……

原本是需要别人照顾的小孩子，却肩负起照顾成年人的责任，P的妈妈基本上就没有一个普通小孩的童年体验。所以，P的妈妈一直都想找到一个可以带给自己安定感的人，她想找到一个情绪稳定、能给她“兜底”的人，她累了，她不想再给别人“兜底”了。

但是，P的爸爸并不能带给她这样的满足，他自己也还是个“孩子”，他还想找个“妈妈式的老婆”来照顾自己呢，又怎么能够替别人“兜底”呢？

于是，彼此失望的两个人生活中总是充满了对对方的抱怨、指责、攻击、谩骂，将所有的责任都推卸到对方身上，中间涉及孩子的问题时更是如此，总觉得是对方做得不够好……

这无疑给P带来巨大的困扰。

父母离异后，经济压力使妈妈常年忙于生计，对P的生活疏于照顾，更不能给予P稳定的情感支持，还常常将自己生活中的问题、情绪问题转嫁到P的身上，使自己的童年经历在P的身上重演，使P也非常困惑于理解别人的情绪和情感，不知道下一刻别人的情绪状态是怎样的，不理解“为什么人是如此反复无常，不值得信任”。

于是，现实生活如此荒谬、怪诞，P就只好退回到自己的内心，退回到漫画、电影构成的虚幻世界中，在那里至少P能找到一些解释、一些答案、一些慰藉——世界为什么是这样的？人为什么如此的不可信？人为什么如此反复无常？……

同时，P也存在包括情绪管理问题在内的一系列问题，以致影响到他生活中的方方面面，所以才会出现班主任描述的各种问题。

他不是不想按照老师说的去做，他是真的做不到！

## 【给家长的建议】

1. 疗愈自己的心伤，成为更加“适惬”的自己，是对自己和家人最好的照顾。

我们在社会上生活，自然要扮演很多社会角色，包括：子女、配偶、父母、同学、同事、朋友、下属、领导、合作伙伴……我们都希望去尝试，我们也希望都能够胜任。但是，能否胜任不仅仅看我们是否努力了，还要看我们是否具备这样的能力。而这些能力有不少是要在我们过去的人生经验中寻找根据和支持的。

每个人的成长都像蝴蝶一样必须不断经历“蜕变”的过程，要在生活的历练中不断受挫、不断学习，因此，没有不受伤的童年，没有无挫折的人生。

我们都是被上帝咬过的苹果。

关键是，我们自己可以决定的部分，我们是否肩负起了自己的责任——对自己负责，首先疗愈好自己的“心伤”，成为更加“舒适惬意”的自己。只有当我们照顾好自己，我们才有能力去照顾身边的人。

所以，建议家长朋友们，任何时候都不要放弃个人的成长，不断强健自己的身心，成为“适惬”的自己，是幸福生活的开始。

2. 停一停、想一想再行动。

我们的情绪是可以被我们的意识调整的，关键就在于，遇到事情，不马上做出反应，而是先“停一停、想一想”，然后“再行动”。

“冲动是魔鬼！”

“不要在情绪不稳定时做出决策！”

“三思而后行！”

无论古今中外，不少名言都告诉我们，遇事要冷静，要在平静的时候，经过反复思考再做出反应，尽量避免出现让自己后悔的决策和行为。

当我们情绪很激动时，我们可以通过离开使我们情绪激动的环境和人、深呼吸、找人倾诉等方法，使自己“理智回归”。

3. 不要让孩子无所适从。

孩子的身心健康很大部分都源于父母的照顾。

“稳定的情绪”是父母送给孩子的“幸福锦囊”。

情绪稳定的父母，有更大概率养育出情绪稳定的、健康的孩子。

当父母情绪不稳定、变幻莫测时，孩子就会无所适从。他们会一直处于紧张焦虑之中，随时准备迎接来自父母的“天意不可测”的“雷霆之怒”，并且也难以建立“世界是安全的”的观念，他们很可能会觉得：世事难料、人心难测。这对他们今后建立亲密关系会造成非常大的困难。

所以，为了孩子的终生幸福，家长不要像变色龙一样变幻莫测，对自己的情绪和处事不加以控制，做家长的不能“随心所欲”。

## 【对孩子的建议】

1. 建立自己的支持系统。

我们每个人都来自家庭，但我们每个人最终都将离开家庭，走向更加广阔的世界。因此，我们需要建立除了父母家庭之外的自己的支持系统。

每个人生阶段我们都会遇到很多人，求学阶段的同学、工作阶段的同事、住得很近的邻居、共同兴趣爱好的朋友，等等，他们都是我们可以甄别挑选的对象，都是我们可以获得支持的力量源泉。

不要害怕被拒绝，不合适就找下一个。世界这么大，总有喜欢我的人会出现。找到可以和我们一起同甘共苦的好伙伴，就是在建立自己的支持系统，就是在给自己那不确定的人生“买保险”。

2. 上帝的归上帝，恺撒的归恺撒。

高晓松常说：人生除了眼前的苟且，还要有诗和远方。

《圣经》里也提到“上帝的归上帝，恺撒的归恺撒”。

说的意思都是一样——人除了物质生活，还需要有精神生活。

当我们的肉体生活并不如意时，我们也许可以在精神世界寻找到片刻的安宁。

当我们没有“完美的家长”（这世上原本也没有“完美的家长”这种生物存在）时，那我们就接受那“不完美的家长”（这才是生活的真相）。既然我们自己都有这样或者那样的各种问题，我们又怎么能要求我们的父母是“没有问题”的呢？

那我们就将向下的目光抬起来，看看更高、更远的地方有什么是我们可以去追求的，有什么方法可以使我们摆脱当下的困境。

有的时候，有希望、有目标，我们的生活就会变得非常不同，再苦再难也变得不是那么不可以接受了，我们可能就会有更多的勇气和力量去面对自己生活中的种种问题。

3. 寻求专业的帮助。

专业的帮助有时候会起到身边的亲人朋友无法起到的作用，当试过种种方法都不行时，不妨寻求专业的帮助。

# 第十八节

## 爸！爸！爷爷死啦！——情绪失控的孩子

“叮叮……”手机响了。

我接起电话：“你好……”还没等我说完，就听到初三年级主任急切的声音：“谭老师，你马上到我办公室来一下，有个学生简直控制不住了！马上！”

听罢我马上起身，朝初三年级教学区快步走去，边走心里边想：初三年级主任P是个年富力强的中年人，平时也给人一种很沉稳的感觉，今天这样火急火燎，看来确实是有些情况。

还没到P的办公室，就听到里面有人咆哮的声音，听起来是女生。

外面围了好多人，有学生面面相觑，满脸狐疑，有学生面露喜悦、激动的神色，有的显得很紧张，有的却是一脸不屑……教师们则有的面无表情，有的很焦急，有的很忧虑，有的一脸惊讶……这时也有教师在驱散围观的学生，让他们回到自己班级教室……

“凭什么！凭什么？他们凭什么这样对我！！！”

……

看着眼前这个安安静静的姑娘F，与刚才那个声嘶力竭咆哮的“悍妇”，完全对不上号。

“你能告诉我，刚才发生了什么吗？”

她抬起眼，望着我，有些失神儿，似乎不知道我在说什么。

我回想起她刚才的咆哮：“凭什么！凭什么？他们凭什么这样对我！！！”似乎遭受了很不公正的对待，她要控诉。

她要控诉什么呢？他们又是谁呢？

是什么事让她如此愤怒，不能忍受呢？

班主任说：F平时与班上几个女生关系很好，经常是干什么都一起行动，不管是上厕所还是去食堂吃饭。可是最近，F的爷爷去世，F请了一个星期的假，回来后，就有些变化。开始，班主任想：家里发生这样的事，是谁都需要一段时间冷静、过渡，就让那几个女生多劝慰一下。谁知道，F跟其中一个女生闹翻了，两人大打出手，互相掀桌子，F还把周围的桌子都掀了，然后还跑到女厕所烧同学的笔记本，据说还要从女厕所的窗户跳楼……强行拉回班主任的办公室后，她就说：那几个女生针对她……

班主任真是一筹莫展，不明就里……

F的爸爸是家里的小儿子，从小被爷爷奶奶一味溺爱，上面的哥哥姐姐很是觉得不公，但也没办法。有的就会欺负他，有的就会在旁边看着，有的就会躲到一边去……总之，哥哥姐姐没一个会帮他。

后来，哥哥姐姐长大结婚分家，爷爷奶奶还是一味偏袒F的爸爸，说什么：自己以后老了，就靠F的爸爸养老送终，所以要多留给他一些，就把宅基地、老房子、山林什么的都留下了，哥哥姐姐就没得到什么。兄弟姊妹之间的关系更加不好。

F爸爸自己也觉得很委屈，爸爸妈妈对自己偏爱，是自己无法改变的事，可是，哥哥姐姐却找自己的麻烦。F爸爸也觉得很不公平，可是又能怎么办呢？加上父母的溺爱，F爸爸也真的是没什么出息，早早辍学，在社会上晃荡，学会了抽烟喝酒打牌，不务正业。

哥哥姐姐正好有了说辞，四处说父母溺爱弟弟，结果弟弟没出息，好吃懒做，游手好闲……父母还一味继续溺爱，看今后父母老了，养老还是得他们几个做哥哥姐姐的负责，父母还直说他们不孝顺，真是没天理……

F爸爸后来就到西藏打工，到工地上做泥瓦匠。

后来经人介绍，认识了F的妈妈，两人就结婚了。婚后，F爸爸继续到西藏打工，F妈妈就留在老家照顾爷爷奶奶、照顾家庭。

F妈妈慢慢了解到F爸爸的家庭状况，她想化解矛盾，毕竟丈夫常年在外，这日子还是自己在过，如果自己不把它经营好，吃亏受苦的还是自己和孩子。通过F妈妈的努力，有几个嫂嫂觉得虽然小叔子不成器，但是这个弟妹还是很懂事的，于是几家人关系也不再像过去那样剑拔弩张，缓和了一些。

F从小跟妈妈在老家生活，爸爸很少回家。据说在西藏当泥瓦匠能挣不少钱，但是，也没见爸爸挣多少钱回家，爸爸只是每年过年回家的时候才能见面。爸爸回家也常不在家，经常到了吃饭的时候，F会被妈妈安排去把爸爸从牌桌上叫回家吃饭。

F既喜欢爸爸又讨厌爸爸。喜欢爸爸是因为爸爸从不会说她，总是对她很和气，很好，无论F要什么，只要爸爸身上有钱，就会给她买。讨厌爸爸是因为，爸爸经常不在家，有时候，妈妈遇到一些难题，只能自己扛，F觉得妈妈很辛苦，而且爸爸就算在家也不会帮妈妈什么忙，只会打牌，还经常输钱。

后来，F渐渐长大，听到一些闲言碎语，知道爸爸和伯伯婶婶姑姑姑父的关系一直不好，才渐渐明白为什么每年过年，大家都回来爷爷家过年时，伯伯婶婶姑姑姑父经常会怪腔怪调地说些“颜色话”，比如：“爸爸今年挣了多少钱呀？”“给爷爷奶奶买了什么好东西孝敬他们呀？”“将来准备送你出国留学，存了多少钱呀？”……爷爷就会呵斥他们，弄得大家不欢而散，自己的堂兄弟姐妹也对自己不冷不热的。爸爸就更加不愿意跟大家一起过年，经常出去打牌。

F也问过妈妈到底是怎么回事儿，妈妈只说了个大概，也不愿让F了解太多，跟亲戚把关系搞僵。

可是，F觉得“爷爷奶奶对爸爸好，是爷爷奶奶的事”“爸爸不会过日子、不存钱是自己家的事”，伯伯婶婶姑姑姑父他们凭什么对自己和妈妈指手画脚的，凭什么要将他们与爷爷奶奶爸爸之间的问题在自己和妈妈身上借题发挥。家都分了，各人过各人的，过好自己的日子才是王道，管别人过得怎样。这群大人真是闲得慌，有时间就去管好自家的人，那几个堂兄弟姐妹也不是个个都优秀得可以光宗耀祖呀，自己这一辈当中，还就是自己的成绩好一些。

妈妈也常常跟F说：“别去管他们，爸爸经常不在家，自己要过好日子，就不要去跟他们计较，那些只会计较这些芝麻绿豆小事的人一辈子也难成气候。再说，不管爸爸怎样，他还是你的爸爸，你还是要对他好，而且他也很爱你，对你很好，没有对不起你。”

可是，F有时候会想，要是爸爸能不打牌、不输钱，自己家就会更有钱一些，就不会被他们说成是靠爷爷奶奶的钱在生活，自己也就会在那几个堂兄弟姐妹间抬起头，不被他们说成像小偷一样。

这次，爷爷过世，爸爸从西藏回家。原本，他“继承了家业，负责养老送终”，那他就应该主动承担相应的责任，处理一切事务，可是，他还是一回来就在牌桌上不下场，弄得妈妈忙里忙外，还因为忙中出错，被周围的闲人取笑。

妈妈难得地冲爸爸发了火，让他担负起儿子该做的事，不要让她这个媳妇承受太多压力，难以应付。

爸爸无动于衷，依旧在牌桌上酣战。

妈妈见爸爸真的指望不上，就不停地催促F做各种事。伯伯婶婶姑姑姑父他们，也只是简单到场而已，并不帮忙，还有一搭没一搭地在旁边冷嘲热讽。

妈妈急得躲进里屋哭了好几次，F看在眼里，却无处使力，除了拼命地帮妈妈做各种事，招呼应酬不断前来祭奠的人，抽空安慰妈妈，催妈妈抽空去吃点饭、躺会儿之外，F真的觉得自己很没用、爸爸很没用、伯伯婶婶姑姑姑父他们很讨厌，真不是人……

爷爷入土为安之后，涉及分祭账的事，伯伯婶婶姑姑姑父他们吵个不停，有的说“这是我的亲戚拿来的，该我拿回去”；有的说要把剩下的重新分一下；有的说爷爷已经死了，家产应该重新分配一下；有的说大家都是奶奶的儿女，奶奶应该由大家轮流赡养，家产、奶奶的社保什么的就应该平分……

而爸爸却一直不见人，原本早就跟他说过伯伯婶婶姑姑姑父他们要来说重新分家的事。可是，爸爸一早就出门，几天不着家。妈妈又气又急，让F到处找。F找遍了平时爸爸会打牌的地方，都不见爸爸的身影。最后，F在一家开赌开得有点大的地方找到了爸爸。不管F怎么说、怎么劝，爸爸就是不回家，还说什么“随便他们，反正我也根本不想要，免得他们一天到晚说是非”……F简直要崩溃了，最后，F忍不住，在赌场里哭着大喊：“爸！爸！爷爷死啦！你醒醒吧！”

最后，最后的最后，爸爸还是没回家，伯伯婶婶姑姑姑父他们重新分了家，而且明显不公平，他们的说辞是：以前爷爷在时，爸爸一家就占了很多好处，现在这样分，是把过去爸爸占的部分扣除了再分的，其实是很公平的……

妈妈已经哭累了，也不想再跟他们理论，就坐在角落里，安安静静的……

F急得不知道该怎么办，刚要插两句，就被伯伯婶婶姑姑姑父他们呵斥："你个小孩子懂什么！别在大人说话的时候插嘴……"

F想冲过去理论，却被婶婶们拉着……

妈妈见她们在拉F时借机打F，妈妈疯了一样冲过去要跟他们拼命，他们才住了手。妈妈扬言：要是他们再逼，她就一把火把房子烧了、把山林烧了，大不了去坐牢……

伯伯婶婶姑姑姑父他们这才悻悻地撂下一句："你敢！我们等两天再来说。"然后一群人这才离开。

F请的假时间到了，F想留在家里，因为她不放心妈妈，怕那群饿狼一样的人再来找妈妈麻烦。

妈妈坚持让F回学校读书，说："你看，就是这样了。我们只能靠自己，你只有通过读书给自己找到一条出路，不能再在这里这样窝囊地生活下去。你已经耽搁一周时间了，现在是初三，耽搁不起，你马上回学校好好学习，争取考上最好的高中，以后考上好大学，离开这里，去过靠自己的双手争取到的生活，再不受任何人的闲气……"

F不放心妈妈，妈妈让F放心，那群人其实并不敢真的做什么，妈妈可以应付得了的，只要F好好学习，妈妈什么都应付得了……

F返校了，心还在家里，每天一个电话打回家，还是不放心，心思很难放到学习上，接下来的考试成绩都下滑很多。

班主任让同学来关心F，F真的既没心思跟她们说太多，也真的很难跟她们好言好语，结果，其中有一个人就受不了了，觉得自己真是吃饱了撑的，跑过来关心F，还被F以这样的态度对待。于是两人就发生口角，争吵中，F得知同学们的关心是班主任的安排，就觉得自己受骗了，觉得自己被同学看不起，她们并不是真心关心自己，而是为了在班主任那里得到好的评价，自己并不稀罕她们的假情假意，她们这样做就跟自己那群假仁假义的亲戚一样“道貌岸然”“虚情假意”……

加上最近经历的创伤性事件，使F的情绪突然失控，F在一瞬间爆发，分不清现实与想象，将“此时此地经历的事”与“彼时彼地的感受”连成一片……

在情绪失控的情况下，F的行为看起来也是失控的、不计后果的、“失去理智的”，但实际上，F的行为基础就是：只要能让自己感觉到安全，能够感受到她可以保护自己，她能够阻止危险事件的发生或者降低危险带来的伤害……这一系列的行为反应是没有大脑皮层的参与，仅依靠边缘系统在运作。这就是一种创伤后的应激反应。

## 【给家长的建议】

1. 保护好自己的孩子，不要让他们经历太多强烈的创伤事件。

人的成长过程就是不断在经历创伤和修复的过程，但是，剧烈的创伤事件对人产生的影响是终身的，有的甚至是不可逆的，很可能会改变孩子一生的命运。

当我们经历重大的创伤事件时，我们的大脑及其工作的模式都会发生改变。这种改变会使我们在今后的生活中遇到种种难题时，无法像普通人一样思考和反应，使我们成为“病人”。

人类社会并不像我们希望和想象的一样充满脉脉温情，其间也充满各种斗争、伤害、罪恶。当这些赤裸裸地发生在我们面前时，即便是成年人，也会感受到巨大的压力、难以承受，何况是生理和心理都未成熟的孩子，这样的冲击对他们而言必然会带来巨大的刺激和伤害，在他们尚未稳固的内心世界里，必须建构起一套应对的体系来保护自己，这就是他们今后再次应对类似事件时的模式。而这种模式很多时候会带来负面影响和阻碍他们继续获得良好的发展。

所以，尽量不要让孩子暴露在创伤性的环境里，比如：家庭暴力、身体虐待、情感虐待、性虐待……

2. 因为孩子，家长要变得更加坚强。

什么使人成长？

答案是：责任。

当我们不需要对他人负责时，我们是最自由的，也是最渺小的；而当我们需要对他人负责，为他人考虑很多时，我们虽然很可能失去了部分自由，但是我们却因要肩负对他人的责任而变得很伟大、变得需要尽快成熟起来。所以民间有“穷人的孩子早当家”一说，因为要“当家理事”，自然需要成熟起来。

当孩子因我们而来时，我们理所应当地要对他们负责，要学习去面对过去可以逃避的责任和问题。孩子来到这个世界，需要父母的全情投入和保护，没有这些，孩子不可能得到健康成长的机会，甚至有可能会死亡，除了肉体上的死亡，还有精神上的死亡。

所以，无论我们需要去面对什么，当你想到你有孩子，他需要你给他提供保护、照顾、支持时，你就会有责任感，你就会开始学习长大成人、学习坚强地去面对生活中的一切。

3. 借助社会力量解决生活中的困难。

案例中涉及的家庭财产纠纷大可以通过法律的途径得到解决。依靠法律，就可以减少很多不必要的麻烦和持续的压力。而这些问题的解决，可以直接帮助困境中的家长和孩子。

所以，遇事不要仅凭自已的一己之力，更不要通过以暴制暴或者犯罪的方式解决问题，而是要灵活地通过多种渠道获得帮助。

同样地，经历了剧烈的创伤性事件，无论是家长还是孩子都需要专业的心理帮助。

## 【给孩子的建议】

1. 遇事要学会积极地寻求帮助，不要独自应对。

“没有人是一座孤岛”，我们在这个世界上，跟整个世界都在发生着关联。所以，当我们遇到困难时，也就是整个世界的一部分遇到了困难，我们当然有必要也有权利去寻求帮助和支持，世界也会给予我们相应的帮助和支持，因为这就是它的自救。

所以，不要觉得别人无法理解自己，不要放弃自己和别人的联系。

当我们能够向别人寻求帮助时，不是在显露我们的脆弱，而是在彰显我们的勇气——勇于承认我们作为一个人有自身的局限，勇于承认我们每个人都是一样地脆弱，都可能遇到困境需要帮助……

所以，遇到事，并不是个事儿，这是人生路上再正常不过的事，是我们学习、成长的机会和必经之路。不要害怕，不要恐惧，学习慢慢放松自己，学习向他人求助，学习在经历中感受、体会，慢慢成长。

2. 允许自己“失控”，允许自己“犯错”。

我们人类会进化到今天的程度，不是因为我们不犯错，而是因为我们会在犯错后总结，不断地从自己和他人的错误中学习，获得经验，获得更多的智慧。

所以，允许自己犯错，允许自己有时候犯傻，只要我们能从中学到一点什么就好。

3. 成长路上，结伴而行。

有首歌叫《越长大越孤单》，描述的是人在成长的过程中，似乎好朋友渐行渐远，越长大越孤单。

人生的每个阶段我们都会与一些人结伴而行，也会在这一段人生旅途结束时与他们挥手告别，进入下一段旅程，与另外一群人结识，同行一程。

所以，我们一路会结识很多好朋友，有的会与我们同行一程，有的可能会成为我们终生的好伙伴，这都很正常。

因此，过去的朋友感谢他们在我们的生命中陪我们一起经历，现在的朋友善加珍重，也许他们会是一生的朋友，对未来的朋友充满期待。

朋友是一段路的，还是一生的，就要在经历中去鉴别，所以，不要怕朋友之间产生矛盾、误解、冲突，这些“磨难”才正是友谊的试金石。

但是，不必为了试验友谊而故意制造矛盾。

所以，有矛盾、误解、冲突很正常，不要害怕，但是也不要故意去“作”。重要的是，我们要明白：人生路上需要朋友，我们也一定可以找到与自己匹配的朋友。

# 第十九节

## 有他没我——不想要个弟弟的孩子

U是朋友的孩子，聪明、乖巧、有礼貌、成绩好。

U妈妈找到我时，很是觉得有点不好意思。

“说起来惭愧。U已经很好了，我对她很满意。可是，我先生家是农村的，就一直想要个男孩。现在全面实施二孩政策，他就一直撺掇我再生一个。”

我没说话，等着她说下文。

“我开始也不想的。你看我都40岁了，身体各方面都不是最佳的生育年龄，U也17岁了，已经上高中了。现在再生孩子，自己这关就首先过不去。”U妈妈停了一会儿，像在组织语言，然后接着说，“可是，我先生家是农村的，他是大哥，下面还有弟弟妹妹，弟弟妹妹家生的都是男孩。而且，就算弟弟妹妹的孩子再怎么不争气、调皮捣蛋，害得家长操无数的心，连带着我们这些做长辈的也跟着操很多心，可是，他们还是爱得像个宝似的。而我们的U（说着U妈妈眼里就泛起泪光），不管她再怎么努力，再怎么优秀，回家也得不到一点赞扬。我真的也替她不值，我想争口气……”

我沉默。

U妈妈继续说：“我就想着，再生一个，要是个男孩，我也一样可以把他培养得非常优秀，胜过他们家所有的孩子。我先生靠自己努力考上大学，出人头地，在大城市打拼出了一片天地，而他的弟弟妹妹读书都不行，早早辍学，一个个的生活都不稳定。弟弟在西藏打工，常年不在，孩子就丢给奶奶照顾，给他奶奶惯得不像样子，不读书，成天上网。妹妹在附近打零工，孩子很蔫，没什么生气，好像身体很不好的样子，成绩也不好。”

U妈妈像陷入回忆。

“他们日子过得不好，我先生就照顾他们，不仅借钱给他们修房子，还把我们的房子半卖半送给了他们，还给他们找工作……我先生的父亲过世早，我先生作为大哥，长兄如父，在家完全挑起了‘父亲’一样的责任。他们的孩子出各种状况，我们都像消防队一样，随时待命。有时候，我想我在家也是大姐，我家也是农村的，我都没有像他那样照顾我的家人……”U 妈妈说不下去了，似乎觉得这样说下去很不好。

她停了一会儿。

“现在的问题是，我已经怀上了，而且查出来是个男孩。我们都很高兴。可是 U 知道我们要生二孩时，非常激动，她完全不能接受，甚至说‘有他没我’。”U 妈妈转向我，拉着我的手说，“我该怎么办？现在难道让我去打掉？可是，U 又这样强烈地反对，我怕她真的做出点什么过激的事。”U 妈妈满眼的委屈、焦急、无奈。

“我知道，我妈是怎么想的。”一见面，U 就直接抛出一句。

“从小我妈就教我，要自立自强，要做到最好，要努力争气，不能让人看不起。

“我外公是村上的干部，一辈子是个谨慎的人，从来大公无私，尽管为大家牺牲了很多个人利益，可还是有人说他的不是。后来，因为超生二胎，就是我小姨，连村干部的职务也给免了，他们那个年代，这是很丢脸的事。

“我妈一直都很不错的，成绩也好，可就是因为家里还有个妹妹要读书，她就没有上高中，而是去考了个卫校，否则她一定能上北大、清华等重点大学的。

“她早早地出来工作，贴补家庭，为外公减轻了很多负担。可是，她还是对自己有很深的不满，因为她觉得自己不是男孩子，要是自己是男孩子，外公就不会想超生二胎、想生个男孩，结果丢了公职。虽然超生的是个女孩，但是我妈妈对我小姨是很好的。有时候我甚至邪恶地猜想，也许正因为超生的是个女孩，我妈才会对我小姨这么好，否则，要是个男孩，我妈可能会觉得在家里她更没有立足之地……

“我妈这个人就是这样，一辈子都想证明自己，想获得别人的承认，想通过自己努力做到最好来获得别人的爱。可是，这个世界并不是这样的，不是因为你好，你就能得到所有人的喜欢的，总有人会不喜欢你的，就如同总有人会喜欢你一样。

“她有时候为了博得好名声，违背自己的心愿，结果自己很不开心。

“有好名声又如何！

“比如我爸爸家那两个弟弟，一个给奶奶惯成了混世魔王，一个给我姑姑管成了个病秧子。她为了他们操了不少心，给他们找过心理医生、找过家教、出钱送去参加过什么拓展培训、亲子训练营，什么乱七八糟的都来过一遍，结果，还是没什么起色。

“其实我早就知道没什么用，我跟这两个弟弟都谈过，他们并不觉得自己这样有什么问题。他们自己都不觉得自己需要去改变什么，没有动机，你一个外人做再多有什么用，反而讨人嫌。

“不过，我妈却得到了好名声。凡是知道这些事的人，都说我妈真是好得没话说，一个嫂子、一个婶婶、一个外人，能这么把婆家的事、弟弟妹妹家的事当成自家的事来精心地管，真是世间少有。

“可是，我妈还是不开心，因为没有她预期的好结果，那两个弟弟并没有什么好的改变，好像她所有的努力和金钱都白花了，她觉得很不值。

“有时候，她又会拿这两个弟弟来教育我，说你看你的叔叔和姑姑都为这两个弟弟操了很多心，连妈妈爸爸都操了这么多心，这两个孩子还是没什么长进，真是……

“其实，我在猜，也许这两个弟弟一直不好，她才开心呢。这样才能显出她教育有方，她有本事，这样才能在奶奶、姑姑面前扬眉吐气。因为，她常常觉得奶奶对我们家很不公平。

“我们家原来有一套房子，面积有点小，只有一套二，不够我们一家三口还有奶奶四个人住，我们后来就重新买了现在的一套四。这样，我们一家三口加上奶奶住着就比较宽松，原来那套一套二我们就拿来出租，每年还是一笔不小的收入。可是奶奶就跟爸爸说：我叔叔家经济困难，想到这里来打工，城里找钱容易些，可是，租个房子就要花掉一大半的收入，反正我们那套房也闲着，不如就卖给叔叔家，便宜点，反正大家亲兄弟嘛。

“我妈就觉得才不久借钱给叔叔家在老家新修了房子，钱还没还完呢，他们又要到城里来住，那老家的房子不就白修了？还要让我们家把房子卖给叔叔家，他们哪儿来的钱？还不是又得欠着？什么时候还得清？

“后来，房子还是卖给了叔叔家，基本上算是送的，连当初买的时候的本钱都没要到，奶奶说：是旧房子，又经过地震……反正就是一味地替叔叔家压我们的价，连本钱都没收回。奶奶还真是偏心。

“我有时候就想，为什么奶奶要这样呢？爸爸和叔叔都是她的孩子，而且我爸爸比任何人都争气、都有出息，为什么奶奶还这样偏袒叔叔家，对我爸爸这样不好？

“后来我算想明白了，奶奶还把自己当成一家之主，觉得她名下的子女无论长多大，都还是她的孩子，她有权操控他们的一切，包括他们挣的钱、他们的家庭、他们的一切，就好像过去的奴隶主可以掌握奴隶的一切。于是她就‘劫富济贫’，在大家族里进行利益再分配，‘损有余补不足’，觉得叔叔家经济条件不好，那就让经济条件好的爸爸家多给叔叔家一点，这样大家互相帮衬，日子就会好起来，一大家子日子才会好起来，说出去，才好听、好看……

“可是这样是不对的，就像我那两个弟弟一样，他们自己不努力，他们自己不觉得自己有问题，你外人再怎么拉扯都没用，他还可能更加往后退，他还可能会讨厌你们所做的这一切……

“说到他们要生二孩这件事，我真是无奈。

“他们想生二孩的理由真是奇葩得很。

“怕我以后孤单，没有兄弟姊妹相互扶持。

“那么多独生子女，怎么过的？要是这个兄弟没出息呢？就像我爸爸的弟弟妹妹一样，反而要我来资助他们呢？就像我的那两个弟弟一样，一个不读书、一个身体不好，还不是给我找麻烦？再说，我妈都40了，当我兄弟还在读书，他们都退休了，还有没有能力继续供养他读书，到时候还不是要我来供他，这是给我添堵，不是给我帮助！

“再说，他们都有医保社保，我今后要到国外去读书，然后就在国外工作定居，也会把他们都接出去，如果他们不出去，国内也有很多养老机构可以选择。我并不觉得将来他们的养老会是我的一个很大的负担。

“反正我就是不同意。这个理由太不成立。

“可我总是想不明白，他们到底怎么想的。

“我还不够好吗？他们还不满意我吗？我成绩很好，一直很稳定，将来考重本没问题。我已经想好了，将来我会学金融和心理，到国外去读博，进摩根斯坦利，然后留在那里定居。

“等等，他们不会也是因为家里没有男孩而想生个男孩吧？！”

U 似乎突然想到了什么，惊奇地瞪大双眼看着我。

“我的天啊！

“什么年代了？他们还这样？！”

U 沉默了很久。

“是男是女有那么重要吗？传宗接代这件事又不是仅仅靠男的就行的，还不是要有一半外来的基因，几代下来，原来的男方的基因已经只占很小的比例了，没有所谓的血统问题了。如果只是要孩子跟谁姓，那更不是问题呀。

“可是他们为什么这么计较呢？

“是男是女是别人给他们下的套，他们还真就乖乖地捡起来戴在自己头上了。

“你看，我妈是个女的，也很优秀，并不因为她是女的就比别人差什么；我爸并不因为他没有个儿子就比别人差什么呀，他还是家族里最优秀的人，比叔叔姑姑都强很多，为什么他们就这么想不开呢？

“可是，他们就是这样想不开，不是吗？”

## 【给家长的建议】

1. 魔咒可能解不开，但是如果我们知道那是什么，会好很多。

我们都生活在一定的社会文化之下，或深或浅地受着影响，就像一道魔咒。

社会文化的演进是漫长的，可能会在某一个瞬间突进，但更多的时候是在慢慢地集聚力量和演变。其间我们每一代人都在受着它的影响，无力改变。所以，有时候我们会觉得人在社会习俗之下是如此的渺小。

但是，要改变，第一步是了解“那是什么”。

如果时机未到，改变不了，至少我们知道自己是受什么限制，就像交战的双方，我们知道对手是谁，就远比不明对手是谁时内心更加坚定，也会有更多的希望。

而今，社会已经非常开明，很多问题解决不了并不是因为不能，而是因为我们还不明确“那是什么”。

所以，我们都需要不断地学习，认知这个世界、了解我们自己。知道自己受什么限制，才能设法去破除。

所以，任何时候，我们都需要做个“明白人”：知道自己的局限，知道自己会受哪些因素影响，自己可以做到哪一步，哪些是自己可能真的无法突破的……

比如案例中，似乎一再纠结的问题就是：妈妈、爸爸都想再生个男孩，似乎他们都觉得一个家庭里没有男孩始终是不够完美。

如果爸爸妈妈能够明白子女对于家庭的意义，社会文化特别是中国社会文化对于男女性别认知的变化，自己对于性别文化的看法，等等，也许，焦虑会降低很多。

2. 接纳自己爱自己，是走向幸福的第一步。

比如案例中，U 妈妈因为自己的早年经历，认为因为自己是个女孩，所以，爸爸要超生二胎，丢掉了公职，受人嘲笑，家庭的变故全因为自己和自己的女性身份，因此，她很在意别人对自己的看法，她很想做到最好，很想获得所有人的爱。这使得她在后来的生活中努力去做一个“优秀的”“无可挑剔”的人。但她并没有因此而得到快乐，反而可能是更加的焦虑，因为，不可能让这世上的所有人都喜欢自己，对自己满意。她提到，U 已经很好了，还是不能得到“赞美”，她觉得仅仅是因为 U 是女孩，所以，她替 U 不值。其实，也许可以这样理解——“U 妈妈是在替自己、替那个多年来一直没有得到尊重和喜爱的自己不值”。实际上，多年来一直“没有尊重 U 妈妈的、不喜欢 U 妈妈的”正是 U 妈妈自己，是她自己不接受自己的女性身份。

所以，接纳自己真实的样子，爱自己真实的样子，不为了讨好别人而去伪装、去为难自己，是走向幸福的第一步。

## 【给孩子的建议】

1. 接纳差异，时代是我们每个人身上的烙印。

每个人之所以独特，就因为他既是个人意志的产物，又是时代精神的作品，逃不开外在环境的影响、束缚。所以，我们解读文学作品里的人物或者历史人物都不能脱离时代背景，更何况是一个活生生的人呢？

时代越进步，人的自由度越大，思维越开放。可是我们不能因此就去苛责老一辈的人保守、落后、愚昧，因为这不公平。

如果我们承认：差异永远存在，在每一个个体之间、在每一代人之间……那很多问题就不再那么尖锐，需要的就是，求同存异地解决问题。

所以，想想我们也终将被我们的子女超越，那么就一切都释然了。

2. 明确责任，也协助达成心愿。

每个人都应该为自己的行为负责，作为家人，我们也有责任去协助他们达成心愿。

不能说我们要求家人理解我们，支持我们的行动，哪怕明明看起来很荒唐，但是一旦说到家人也需要我们的理解和支持时，我们就千般阻挠、万般反对。

这很不公平。

当我们希望家人能理解我们、支持我们时，也就意味着，家人对我们享有同样的权利。

就这个个案而言，U 可以跟父母开诚布公地言明自己的各种考虑和担心，请父母认真考虑在目前状况下养育二孩可能出现的各种问题、将来需要面对的可能状况，并提出相应的对策。虽然计划没有变化快，但是如果我们事前有预案，即便将来情况转变，发生了意料之外的事，也会因为我们做过周密的思考，而不至于手忙脚乱。

在此前提下，父母也许会基于现实的考虑而改变初衷，如果父母做了全方位的考量，仍然坚持养育二孩，那我们作为家人就应该给予我们的支持和帮助，而不再是一味地反对和等着看笑话的态度。

相信这才是“家人”一词的真正含义。

# 第二十节

## 我是谁？——背负着原罪的孩子

V是高三年级的女生，她来找我是因为听了我的讲座，心中有疑问需要解答。

同样，因为需要建立信任感，也因为高三了，时间上很难协调，我们的关系建立进行得很不顺利。一个多月的时间，我们一直在讨论关于志愿填报要考虑的因素、哲学上的生与死、爱情中的忠诚与背叛等话题，看起来都很重要，但我总觉得有什么隐藏在后面。

终于有一天，V跟我说她有个问题想跟我讨论，是关于她的出生。

V一直都生活得如同别的小孩一样，至少在她自己看来是这样——有爸爸妈妈、有外婆外公、有个幸福的小家庭，虽然爸爸不常出现，因为爸爸常常忙于工作。

直到初三那年，妈妈因为一场急病突然去世，V非常悲痛，因为长期以来是妈妈常伴自己左右，关心自己的冷暖和生活、学习。家里为妈妈操办丧事，爸爸终于出现了，V的心里感受到一些温暖，觉得自己终于还是有亲人的。V怯生生地来到爸爸身边，刚想跟爸爸说上几句话，这时突然自己的几个舅舅从周围冲过来，不由分说地把爸爸五花大绑，还用纸钱堵上了嘴，连拉带扯地把爸爸带到妈妈的棺木旁边。

V蒙了，跟着人群一起挤过去，想看看到底发生了什么。没想到，舅舅们就把爸爸抬起来，放进妈妈的棺木，爸爸奋力地挣扎，满脸惊恐，嘴里发出各种哀号，舅舅们有几个将爸爸按住，有几个就将棺盖抬了过来，作势要盖上……

这是要将爸爸和妈妈一起封在棺木里？！

V疯了似的冲开人群，喊叫着，扑过去，要阻止舅舅们这样做。这时，几个舅妈出手了，她们纷纷上前拉开V，有的大声说："V你不懂，你别管！"有的说："把V拉开，别让她看到，别把她吓到了，她还什么都不知道。"

V蒙了。

"我不知道什么？是关于妈妈的死亡吗？是妈妈死了需要爸爸陪葬吗？还是这些大人之间到底发生了什么？……"

V的爸爸是手中握有权力的公职人员，妈妈是地方势力家族的女儿。其实，他们并没有真正建立合法的婚姻关系，也就是说，V是非婚生子女，爸爸妈妈的婚姻关系是非法的，因为爸爸还有一个合法的妻子和儿子，他们都生活在城里。

但是，因为外婆家是地方上的势力家族，在地方上很有话语权，外婆家还有好几个很有本事的舅舅和很多亲戚，所以，V从来没觉得自己的家庭和别人家有什么不同，只是觉得爸爸不常在家。不过，大家都说爸爸很有本事，很忙，平时都在城里上班，所以很难回家。

后来有一次，V有个远房姐姐忧心忡忡地问V：要是有一天V发现一些她难以理解和接受的事，她会怎么办？

V觉得这个表姐好奇怪，反问道："会有什么事是我难以理解和接受的？"

表姐说："你想过吗，为什么你爸爸很少在家？"

V看着这个表姐，说："你什么意思？你想说什么？"

表姐默默地看着V，好像有很多话想说，但是，几次嗫嚅，终于没有说出任何话。最后，她拉着V的手，说："要是你遇到什么困难，你可以跟我说。"

后来，爸爸偶尔回家，妈妈就会和爸爸说一些事，爸爸就会不怎么高兴，然后他们就会吵起来，不欢而散。那时，V很害怕，担心爸爸妈妈可能会离婚，担心自己会失去完整的家庭，会成为只有爸爸或者只有妈妈的离异家庭子女，而且很有可能自己会跟着妈妈。因为爸爸对自己而言还是比较陌生的，自己是妈妈从小带大的，妈妈很可能不会同意自己跟着爸爸，而且，自己也可能不会习惯跟着爸爸生活，而不是跟着妈妈。

V跟妈妈谈到过这个话题。

妈妈这时就会很忧郁，似乎有很多话不知从何说起似的。

最后，妈妈总是会说："别担心，妈妈会跟你在一起的。"

V的心里似乎松了一口气，但是又更加不安，因为听起来，好像爸爸妈妈真的要离婚了……

后来，妈妈突然得急病去世了。

V沉浸在无比的悲痛中，想着妈妈还是死了，自己的家还是破了，爸爸会不会要自己呢？要是爸爸不要自己，自己又该怎么活下去呢？联想到平日里，几个舅舅虽然都很有本事的样子，但是跟自己好像都不是很亲，几个舅妈和表姐表哥跟自己也不是很亲近……突然间，V觉得自己在这个世界上其实只有妈妈，而现在妈妈死了！

自己今后该怎么办？

爸爸在外地，直到妈妈要下葬的头一天，他才匆匆赶回来。

原本V以为，爸爸回来了，自己的日子可能会有盼头……没想到，舅舅们想要把爸爸和妈妈一起活埋了……

真是有太多的信息突然出现，V根本无法处理，像是要崩溃了……

V病了半个月。

半个月里，V一直在发高烧，浑浑噩噩的，经常做梦，梦到妈妈回来了，要带自己离开；又会梦到自己小时候爸爸妈妈带自己去动物园玩，结果爸爸掉进狮虎山，眼看着就要被吃掉了；又梦到自己一个人在荒郊野外，自己在哭，却引来了一群穿着衣服的恶狼，它们围在自己身旁，像是要吃掉自己……

V病好了，发现是那个远房表姐一直在照顾自己。这时，V似乎明白了一些事。后来，从表姐口中V才得知真相：

自己的妈妈和爸爸没有合法的婚姻关系，妈妈居然是“小三”，因为爸爸在城里有家庭，有妻子和儿子。只是因为爸爸手中握有实权，妈妈这边的家人才让妈妈和爸爸在一起，利用这种关系从爸爸手中获得很多好处。爸爸也因为妈妈年轻貌美而喜欢妈妈，原本就没想过要结婚什么的，妈妈也不提结婚，后来有了孩子，妈妈也没有要爸爸离婚，自己默默地生下了V，独自养育。因为这层关系和妈妈背后的地方家族势力，爸爸只好不断地给予妈妈的家族一些利益，但是，后来妈妈这边要的越来越多，而且有些是爸爸真的无权也不敢做的事，于是，就出现了爸爸和妈妈之间的龃龉，弄得不欢而散。后来爸爸就很少回这个家，直到妈妈得急病去世。爸爸得到通知，也不想回来，原想着人都死了，就一了百了，今后少了瓜葛。但是架不住妈妈这边不断派人去找，爸爸怕妈妈这边真的把事情闹大，就想那就回来把事都说开，大家好聚好散。

没想到，自己带了几个兄弟来也没用，毕竟这边是妈妈家的势力范围，人多势众，那几个兄弟根本发挥不了作用，都被远远地隔在外围，根本无法靠近爸爸，更谈不上保护爸爸。

后来就出现了舅舅们要把爸爸跟妈妈一起合葬的情形。

再后来，是政府出动了警方和武警力量才平息了这件事。

至于后来，爸爸究竟怎样了，表姐也不清楚，隐约听亲戚说，爸爸好像因为这次的事丢掉了公职，还被判了刑，也离了婚。

而V现在成了无父无母的孤儿，在外婆家，V感到自己什么都不是，什么都没有，非常自卑，非常羞耻。有时候，V会想，为什么自己不随妈妈一起去死，这样就不会只留下自己一个人在这个世界上孤孤单单、可耻、可悲……

有时候V很恨爸爸，觉得他真不是个东西，明明自己有家庭，还在外面拈花惹草，结果弄得自己身败名裂，害人害己。

有时候V也很恨妈妈。觉得妈妈真是个没有廉耻的坏女人，明知道爸爸有家室，还要跟他在一起；明知道自己不过是家族利益的一枚棋子，还是要这样走下去，真是没有自知之明的愚蠢。

有时候又会觉得自己的外婆和舅舅们都不是东西，怎么能把自己的女儿、自己的妹妹当成工具来利用，用美人计来获得家族利益。

有时候，V觉得自己的人生太戏剧了，真像是小说电影里的故事，没想到还真有这样的事情发生在现实世界里。

V病好后，转到了一个谁也不认识的地方读书。

V原想着，现在自己只有自己了，自己只能靠自己了，于是，V发奋读书，希望通过考上外地的好大学，永远离开这个地方，再也不回来了，要在谁也不认识自己的地方重新开始。

可是，毕竟初三时发生的事件对V的影响非常深刻，使V有时候会不由自主地走神儿，而且，初三时正是考高中的关键时间。中考时，V没考好，只能到一所二流高中读书。

在整个高中阶段，V深深地掩藏自己，不希望引起任何人的注意。

整个高中，V没有朋友，也没有亲人，放归宿假，V也不回家。V就一个人默默地生活，直到高三了，马上就要高考了，马上就要实现自己的梦想，有机会离开这个地方了……

"我是谁？有资格出生在这个世界上吗？要是当初妈妈没有生我，我也就不用去经历这些人世间的痛苦，看到这么多的丑陋。我是个'小三'的孩子，我是法律上不允许的存在。我是罪恶的欲望的产物，我是妈妈为了捆住爸爸而出生的，我是来自地狱的，还没出生就浑身带着邪恶的气息……"

虽然像V这样的经历我们日常比较少听闻，但是这样的事从来都不少发生在我们的身边。自从人类诞生，伴随着欲望而来的各种罪恶屡见不鲜。也许身处其中，每个人都有自己的理由，但是并不能因此就认为这是可以被允许的。

## 【给家长的建议】

1. 活得像个人，不要使自己沉沦而不自知。

也许世间的艰辛不是外人可以了解的，但是，我们既然生而为人，就应该珍视自己的"自主权"，要时刻掌握自己人生的舵，不要随波逐流，不要成为自己或别人的工具而不自知。

2. 要对子女负责，不要使子女跟自己一起沉沦。

如果说，父母对子女的爱是这世上最深沉的爱，那就应该为孩子好好地谋划未来，而不是将孩子也当作自己的工具去实现自己或别人的目的。

## 【给孩子的建议】

1. 命运也许不公，为自己挣出一片天。

也许有些人一出生就是一手烂牌，但是，真正的人生赢家即便是一手烂牌也能打赢的，即便不能大获全胜，至少没有向不公的命运低头，也是一种胜利。

2. 不要质疑自己，人生的意义是过程赋予的，而不是出生赋予的。

对于V而言，除了经历了妈妈的死亡，爸爸的坐牢，外婆家的利用和背弃，还有个很重要的困难是对于自己出生的合理性的质疑，尤其是当她处于青春期，“自我同一性”成为很重要的人生课题之时。

自己是非婚生子女，自己的妈妈是“小三”的尴尬身份，自己的出生合理性就受到质疑——自己是被允许出生的吗？自己的出生是受到期许和祝福的吗？

以致后来，V产生“自己和妈妈都是被利用的工具”的看法时，V更加对自己的身份产生怀疑，觉得自己根本就不是一个人而存在于这个世界，而是作为一件工具被带到这个世界……当一个人对自身的身份合理性、合法性产生怀疑时，人生会非常困难。

但是，真正带给我们希望和使我们伟大的要素并不是我们的出生，而是我们自己一路的奋斗。

所以，不要质疑自己出生的合理性，不要质疑自己，要相信，既然我们出生了，我们就是受欢迎的，就是受到祝福的。余下的就是我们通过自己的努力去看到我们出生的真正缘由和意义，那是上天赋予的，也是我们自己争取和创造的。

# 第二十一节

## 李易峰，我爱你——沉迷追星的孩子

X是13岁的女孩，发育得很好，圆圆的脸，大大的眼睛含着少女的羞怯，刘海很整齐，很可爱。高高的个子，说话很有礼貌，一说一个笑，怎么看都是个可爱的姑娘。

可是，为什么班上的同学都不喜欢她，老师也不喜欢她，就连家长也不喜欢她，对她感到很头痛。

X的妈妈是幼儿园老师，一个30多岁的很能干、很精明的女性，头发烫成很时髦的样式，衣着很鲜亮。可是怎么看都不觉得她像幼儿园老师，没有传统观念里幼儿园老师会有的那种朴实、亲切、和蔼……

X妈妈说，自己为了X做了很多事，每次班上有什么活动，她总是最积极主动的那个，积极参与、无条件地付出努力和劳动，为的是什么？无非是让老师对X另眼相看，可是，能怪老师吗？X自己不争气，是个不成才的东西：学习不努力，成绩不好，在班上尽做些出格的事，害她丢脸、害自己丢脸……

最近这次就是因为X打报警电话，把110 、120、119都打遍了，弄得学校门口警笛长鸣，警车、消防车、急救车都到齐了，惊动了学校的校长、德育主任、办公室主任、总务主任、年级组长等大大小小的领导和班主任，还有学校周围的居民，很快学校门口就聚集了很多人，好事者传播各种谣言：有说学校有学生跳楼的，有说学校学生食品中毒的，有说学校寝室着火的，有说老师强奸学生的……

X的妈妈是家中最小的孩子，上面还有个哥哥，X的外婆早年是做生意的，什么生意来钱就做什么，后来专门做煤炭生意，赚了一些钱，修了别墅，请了保姆，但是仍然起早贪黑地忙生意。X的大舅从小就给家里帮忙，后来在外婆的安排下结了一门不错的亲，在生意上很能够帮家里的忙。

X的妈妈从小在家就很少见到家人，他们总是很忙。

X妈妈就一个人吃饭、睡觉、上学……

在孤独中长大的妈妈，为了能得到外婆的好脸色，她总是尽力去做很多事。于是X妈妈把自己培养成了很会揣摩别人心思的、灵活的人。

后来，由于国家产业调整，外婆不再做煤炭生意，转做其他。

在外婆的安排下，妈妈跟一个派出所的警察结了婚，那个警察正好管着跟外婆有生意往来的那个片区。

X的爸爸常常要在辖区值班，X的妈妈索性还是住在娘家，反正自己也总是一个人在家，不如跟X一起住在外婆家。外婆家有保姆负责煮饭，自己下班就回外婆家，和孩子一起吃饭，然后辅导孩子做作业，很方便。

X说：外婆是个性很强硬的人，说一不二，只有她不想办的事，没有她办不成的事。大舅和妈妈对外婆都不会有什么反对意见，因为反对也没用，还不如省省力气。因为妈妈是女孩，她觉得自己对家庭没有什么贡献，不像大舅那样从小就给家族生意帮忙，牺牲了自己的学业。而妈妈自己呢，从小学习成绩也不是很好，觉得不能通过读书获得出路，于是就读了幼儿师范教育，出来当了一名幼儿园教师。

妈妈跟爸爸的感情也不是不好，但是，反正就那样，大家都说：结婚久了，爱情都会变成亲情的；日子久了，都会变成左手摸右手的。他们也会吵架，但是很少在外婆家吵，很少当着外婆的面吵，那样后果很严重，大家都知道，外婆不好惹。

“在家我妈就是很厉害的人了，常常会把你骂得体无完肤，可是在外婆家，妈妈也只有被骂的分。

“我最不喜欢大人这样了。

“好像我们家就是个母系氏族社会，外婆就是一家之长，所有人都要听她的，她又很独断专行，不听任何人的意见或解释。爸爸妈妈、大舅舅妈之间好像也没有什么感情，反正就是过日子。他们大人跟我们小孩子之间也没什么交流，每次都是问成绩，然后不痛不痒地说两句‘要努力’‘要好好学习’，就没啦。好像每个人都只是一个螺丝，只需要做好自己的‘本分’就行啦，人与人之间不需要

‘太多’的情感和交流。

“我最喜欢看电视了。

“我最喜欢的明星是李易峰。

“因为他帅呀！他演的所有的电视剧我都看过，还有电影。他还会唱歌，他是‘快男’出道的。他是成都人。他的演唱会，我会去听，我要自己攒钱去，我妈是一定不会给我钱的，她会说我是疯子，为个不相干的人花这么多钱。

“他演的《青云志》，我好喜欢，不管是张小凡还是鬼厉，我都喜欢。

“你看他原来是个很普通的人，非常普通，连名字都这么普通：张小凡，好像注定是个小小的、平凡的人。跟他一起长大的林惊羽就是另外一种人，天生就是要被人另眼相看的人，你看，连名字都取得这么好：林惊羽！他们一起上山拜师时，林惊羽，大家都抢着要，而他却没人想要，最后师父不得不收下他，而且对他也没有好脸色，还好是他的师兄弟和师姐对他好。

“他也认命啊，他知道自己天资不行，没人喜欢自己，但他还是很感恩地活着，对周围的人都好，有一手好厨艺。

“其实你也许不知道，他才是真正的主角，他才是那个最了不起的人，他才是那个可以拯救世界的人。鬼王的女儿爱他，但他一直被‘正邪不两立’的规矩限制，正是为此，他才经历了很多苦难，忍受了人世间的一切苦，最后他终于活明白了，打破了陈规陋习，要勇敢地去追求自己的幸福。

“我就不会像他那么死板，如果我明白了自己的心，我就会跟随自己的心，而不会被外人的什么规矩限制住。

“还有他演的《麻雀》，他演一个地下工作者，打入敌人内部，有勇有谋，还有颜，心地善良……哎呀，总之，就是好得很，完美！

“就算他拍的广告，也很好。你看那个‘德芙’的广告、‘炫迈’的广告，还有饮料广告，他就是阳光、健康。

“要是我能见到他就好了。

“虽然我知道不可能，但是，我心里还是有他……要是我的生命里也有这样一个人就好了：他英俊、勇敢、成熟、稳重、心地善良、有勇有谋、身上有某种使命，是个‘天选之人’。

“他是跟我没什么关系，他的生活也跟我没什么联系。我对他而言，是个陌生人，我对他没有任何意义。

“但是，他对我有意义啊。

“我的生活非常糟糕，我需要有一点光可以指引我的方向。

“你看我的外婆，你知道她的属相吗？她是属龙的，据说女人属龙不好。你看她在家里就像个族长，是那种很独断专行的，不是那种有智慧、和蔼可亲的。你看我大舅、我妈，他们根本就像是我外婆的奴仆，他们不能有自己的思想和决断。

“你知道吗？我听我表哥说：大舅和舅妈都盼着能够搬出去自己住，不想跟外婆住一起了，她管得太宽了，让人受不了。

“我爸爸也跟妈妈提出过想搬出去住，但是我妈妈不同意，因为我爸爸常常值班，搬出去，我妈就得负担起日常的全部家务。而住在外婆家，家里有保姆，我妈根本不用做什么事，就像个富家小姐一样，可以享清福。她当然不愿意搬出去。

“我嘛，搬出去也可以，不搬出去也行。在外婆家，外婆会骂我，但是，外婆会骂所有人，连我妈也会被骂，我就心态平衡了。搬出去，可能我就只有挨骂的分了，我妈会把所有的气都撒我身上，可能就没人可以管得住她了，那我就心态不平衡了。

“我成绩不好，我努力啦，但是就是没办法把成绩弄上去。

“说来也奇怪，你看我背不下课文，可是李易峰的一切信息我都能背下来，嘻嘻！

“可能是因为，我喜欢他吧。

“我为什么要打报警电话？

“其实我也忘记具体原因了，让我想想，我好像记得，好像是那天跟同学闲聊，我说我要去看李易峰的演唱会。他们就笑话我，说我痴心妄想，因为我妈不会同意的，我没胆子自己跑出去看演唱会。

“我就说：我有胆子，我什么都敢。

“他们就说：那你敢打报警电话吗?

“我说：我敢!

“他们都不相信，还嘲笑我，只会吹牛。

“我就急了，我说：我现在就打。

“于是，我就打了。

“你不知道，当时我的心跳得好快，就像要冲破胸口跳出来一样。

“我心里想着：我是为了李易峰，我要证明我有胆量，我可以为了李易峰做任何事……

“后来，警察、消防队、医生都来了，学校校长那些人也来了，很混乱，我妈也来了。

“是那些人告诉老师的。

“老师气疯了，把我和我妈带到校长办公室。

“我妈也气疯了，给了我几耳光，还把我的电话扔到楼下去了，应该是摔坏了。

“他们就在那里吵闹着，一团糟，就像我家里吵架一样，一团糟。

“我妈把我带回家，跟我爸说了。我爸气坏了，也把我狠狠地打了一顿，关了我一个星期，不准我到学校读书，说我给他们丢人了。

“我外婆倒没说我什么，反而好像说了我妈一顿，说她自己没出息，还不会教女儿，丢人!

“我妈又回来打我、骂我，一边打一边哭。

“后来到学校读书，当初那几个嘲笑我的人，都不再理我，全班同学都不理我，说我神经病。班主任老师因为我乱打报警电话招来了警察，给学校带来了很多麻烦，被校长狠狠地骂了一通，说她不知道怎么带的班！她也对我没好脸色。

“唉！反正，我是爹不亲娘不爱，班主任讨厌，同学嫌弃……这世界上就没一个人喜欢我……嗯!

“不过，没关系，我有李易峰，他是最好的，他会懂我的，他不会不理解我的。

“我知道，他根本就不知道有我这个人，他也不知道我为了证明我有胆子去看他的演唱会而做的那些事。

“不过，我心里有他就好啦。我知道他就好啦。

“我妈说：外婆已经决定了，等我满了20岁就给我找户人家，结婚。

“唉，什么年代了，还这样！我大舅、我妈就是这样的，他们都过得不快乐，但是他们认命了。

“我不会，我这样想的，反正我读书是不行了，我等到18岁就去考驾照，反正我外婆有钱。然后，就离开这里，到北京去，李易峰在那里，我想办法去做李易峰的助理，这样就可以跟他在一起了。

13岁的女生，发育良好，对异性开始产生好感和好奇，很正常。

一般情况下，面对这个年纪的女孩子，家长和老师都会觉得有压力，不好处理——说多了、说深了，怕伤到女孩子的自尊心，不说呢，又会担心后果是无法承担的。

X这种“追星”可以算某种形式的“自我认同”——X在李易峰所扮演的各种人物角色身上看到了一些自己欣赏的美好品质，也希望目前自己面临的困境是某种形式的“试炼”，如果顺利完成，自己就会如同李易峰所扮演的角色一样获得成就和别人的认可与尊重。

而X的生活环境显然对她的健康成长是不利的：

外婆的独断专行、对人的物化，没有在家庭中营造一种尊重、理解的氛围；

妈妈从小价值感、身份感的丧失，使妈妈形成了“讨好型”的人际互动模式，希望自己能通过讨好来获得别人的喜爱、关心，这样势必会给她自己养育子女带来困难——她会希望子女如己所愿，如果不顺从自己的意愿，她就会非常愤怒，觉得子女辜负了自己，自己是失败的母亲，而自己的失败又是子女造成的，如果子女听话就不会是这样……在这种恶性循环的思维中，归根结底就是：一切都是孩子的错，是孩子不让自己好过！

妈妈爸爸之间的互动模式以及大家族的合族而居会造成复杂的人际冲突，等等。

这些都不利于 X 的成长。

## 【给家长的建议】

1. 自己首先“成人”，才能更好地养育子女。

在中国的传统里，大家族、几世同堂会被理解为幸福美满，得到祝福。

与此同时，在大家族里，“个体”的存在感和价值感却时常遭到削弱，每个“个体”都会被理解为“集体”（家族）的一部分，“个体”存在的意义和价值，就像蚁群中的工蚁一样。因此，“个体”在家族中既贡献着自己的力量，从而得到家族的保护，也因此而失去了独立成人的机会，同时也得到不用独自面对危机的好处。

在许多“00 后”眼中和心中，没有个人的“独立”“自主”“尊严”，这样的人生不值得过。

这种观念的冲突不仅仅是代际冲突，更是新旧世代的更迭带来的必然。

因此，做家长的，如果自己尚未“成人”——成为“独立”“完整”的个体，在子女心中必然不会得到理解、受到尊重，在养育子女的过程中也会感受到更多的压力和困难。

案例中，X 妈妈由于自己的成长经历，没有发展出完整的、独立的人格精神，虽处处受制于外婆，心中不爽，但又贪图“受制于人”带来的“便利”而放弃个人的责任和担当，放弃“成人”的机会。X 妈妈自身的性格问题在养育 X 的过程中也造成了巨大的困难，使 X 也出现各种问题。

所以，建议家长首先完成自己的“成人”仪式，成为有勇气担当个人生活一切难题的成熟个体之后，再尝试养育子女。

2. 和孩子多沟通，了解别人需要“听”。

案例中，X 有很多自己的想法，但是，妈妈都没有心思认真地听一听孩子是怎么想的，以至于自己一厢情愿地、武断地判定 X 是怎么想的、X 是怎样的人。

成长中的孩子有很多的想法和思考，需要成年人的意见和经验分享以及手把手地言传身教，这是最好的教育机会，是做父母的影响孩子的最佳时机。这个时候，做家长的应该更多地倾听、聆听，而不是急切地打断孩子，说出自己的看法和建议。

只有建立在“全面”“客观”“真实”了解基础上收集而来的信息才是可靠的信息，而这样的信息收集途径就是“听”“倾听”“聆听”。

3. 允许孩子犯错，同他一起承担后果。

歌德曾经说过：“哪个少女不怀春，哪个少男不钟情。”

少女在青春期对异性有美好的想象与期盼，这是再正常不过的事，也是每个家长都会期盼的事。因为它预示着，姑娘长大了，在慢慢地成熟，这是生命的规律，是值得庆贺的喜事。

难道做家长的希望自家的姑娘一辈子都只是个长不大的“小姑娘”？还是希望自家的姑娘大学毕业前一天还是懵懂无知的“小女孩”，毕业证一拿到手就立刻像打开了开关一样，马上变成具有丰富生活阅历的“熟女”？

在成长的过程中，孩子是通过“试错”获得人生经验的，这期间需要家长一直在旁边指导。有些人生的失误是难以避免的，有些人生的痛苦是必须要经历的，这些都无法避免，那就让孩子勇敢地去尝试，并跟他一起体验其中的种种，和他一起认真地讨论、总结。

就拿“追星”这件事来说，它并不完全是坏的。

孩子为什么会选这个人为自己的“偶像”？他的哪些特质吸引着孩子？什么原因促使孩子为了这个八竿子打不着的人而牵肠挂肚……这些都值得家长思考。也许，家长可以跟孩子好好谈谈，问问孩子，也许孩子也正等着家长问呢——要知道，自己有个喜欢的人是非常愿意与人分享的，是希望自己身边的人也同样喜欢他的。

再如，案例中，妈妈如果不是不问根由就责打 X，而是问清楚 X 打报警电话的原因，也许就不会出现后面孩子封闭自己内心的局面。

所以，做家长的就是要和孩子一起去面对生命中的苦与乐。

**【给孩子的建议】**

1. 我们都是“小公举”，身边怎么能没有护卫。

每个姑娘都是“小公举”，在成长的过程中，身边怎么能没有忠心耿耿的护卫呢？

护卫是谁？

当然是爸爸妈妈。

他们有时候像是父皇母后，教我们规矩和礼仪；有时候又像是厨娘和卫队长，把我们喂得饱饱的，守护我们的安全；有时候又像是我们最贴心的的玩伴，会和我们一起去冒险……

不要怀疑他们的能力，他们的这些超能力需要我们去唤醒。

我们需要温柔的、深情的呼唤，提出我们的请求，他们就会被我们召唤而来，谁让我们是“小公举”呢？

2. 勇猛的战士也会受伤，作为“小公举”，我们也需要去照顾和安抚他们。

没有人是刀枪不入的。

荷马史诗《伊利亚特》里还有“阿喀琉斯之踵”一说呢——阿喀琉斯刀枪不入，唯一的弱点就是他的脚后跟，敌人就是知道了这个弱点，一箭射中他的脚后跟，导致他的死亡。

神仙还这样，更何况我们凡人。

每个人在成长的过程中，都会有这样那样的经历，都会受到这样或者那样的伤害，有的使我们更坚强，有的却可能是我们终身难以逾越和修复的。

因此，当我们身边的人显露出他们的弱点，我们应该做的是去理解他们，看看到底在他们身上发生了什么，我们可以做些什么来帮助他们。

有时候，他们可能还会因此而对我们狂风暴雨。

不要害怕!

暴怒的人其实最没有安全感，他是在用愤怒来掩饰自己的脆弱和痛苦。

我们要像狂风暴雨中的船长，站在船头，坚定地指挥我们的航船，穿越风暴，等候大海恢复宁静。

当然，狂风暴雨迎面而来，这滋味并不好受，甚至还可能带来死亡的威胁，我们需要有充分的估计和准备。

3. 照顾好自己，才有能力照顾好别人。

首先养护好自己的心灵，使自己成为有能力照顾别人的人，这样才能成为真正的“小公举”“船长”。

当我们遇到风暴时，我们还可以找跟我们一起面对的人——专业的心理辅导师。

# 第二十二节

## 野猪妈妈，蜗牛儿子——<br>异常安静的孩子

I是个安静的小孩。他坐在那里，静静的，有时候都会让你完全意识不到他的存在。说话也很轻，像是在耳语。

有时候，你会觉得他是一株植物，静静的，独自生长，与世无争。

I会来我的辅导室，是因为他的妈妈。

I妈妈是个店长，说话很快，夹杂着很多手势，满脸“你懂起没有？！”的急切与焦虑，让人感到巨大的压迫感，好像她随时会扑到你身上一样。

这样的母子，真是“绝配”。

I妈妈说：自己离婚了，一个人又要上班，又要带孩子，很辛苦。I的爸爸是个没出息的窝囊废，以前只知道在家打游戏，有班也不好好上，结果有次在上班时打游戏，给老板看到了，老板说了他两句，他就跟老板闹起来，还打伤了人，结果丢了工作，赔了很多钱，他就回家待着。这下更好了，成天没日没夜地打游戏，说他，他还跟你闹。最后就只好离婚了。

说到这里，I妈妈忍不住用手抹了一把脸，把眼角的泪抹去，然后又眼神灼灼地望着我。

离婚后，I妈妈就带着孩子离开了，在外租了一间房。自己是外地人，在这里无亲无故，当初就是跟I爸爸认识，谈恋爱，结婚，才来到这里的。没办法，母子俩要生活下去，自己只好出去打工。开始，就把I送到全托幼儿园，周一早上送去，周五下午接回来。可是这样自己周六、周日就得带着I，没法上班。于是后来，就让I连周六、周日都在幼儿园。自己轮休时再去接孩子和自己一起过一天。

还好，自己很努力，老板人也很好，自己终于慢慢摸到一些门路，就升做店长。可是，当了店长，要管一家店，要负责这家店全面的事务，更没时间了。

I的爸爸，听说完全废了，现在连家门都不出，还要I的奶奶给他送饭，否则，他都可能会饿死。

“我没有请他们任何人帮忙。

“他们一家人都靠不住。

“当初，我就觉得I爸爸不成气候，不能担当，原本想分手，可是，正好那时候又怀孕了，很为难。I奶奶就劝我，说现在很多人都怀不上孩子，有些人可能一辈子就只有一次机会，流产后就会习惯性地流产，要是我这次流掉了孩子，万一今后都流产了，那不就是一辈子的遗憾？我想想也是，就没有流掉孩子，那就只好结婚了。原想着结婚了，有孩子了，I的爸爸会真正地长大成人，会有责任感，会有担当。身边的朋友也有这样的例子，于是就软下心，跟他结婚，把I生了下来。

“可是，I出生，I爸爸不仅没有成熟起来，反而更加令人失望。

“孩子生下来，他们都没有人照顾我坐月子，我还要自己带孩子。

“I奶奶说，她自己都是个病人。I的爷爷成天就知道坐茶铺子，吹牛，不做正事。I爸爸笨手笨脚，给孩子洗个澡都会把孩子摔盆里，差点淹死。尿布也不洗，嫌脏。就买尿不湿，可是尿不湿用起来很费，算起来就很贵的，还有奶粉，也要花钱。

“让他出去打工，他又嫌工作时间长，又嫌工作辛苦。

“现在外面打工的哪个不辛苦，老板还会把你当先人一样敬起来吗？

“后来听人说，可以打游戏，卖装备。他就开始打游戏。不知道是哪个挨千刀的跟他说的。他一打起游戏来就不知道死活，只想赢，还花钱买装备，真是撞到鬼了。”

“说说I吧。”

“I一出生就很安静，从小就没怎么哭过，也从没‘吵过夜’。很好带的孩子。开始我还很欣慰，觉得终于有不让自己那么操心的人了。后来，上幼儿园也很乖，从不吵闹。不管你是一周接一次，还是有空再去接，他都不说什么，就是慢吞吞的。

“我跟他爸爸离婚，我就坚持要自己带他。

“我知道，我一个女人，异地他乡，当时还没有正式工作，要自己带一个孩子，会很麻烦，将来再婚可能也会有困难。但是，我不能把I给他爸爸那家人，给他们的话，I就会给他们毁掉，I就会像他爸爸那样，一辈子都不可能有什么出息。

“I也很听话，努力学习，成绩还行，也不给我闯祸。”

“那你找我干什么呢？”我嘴上没说，心里却不由得画了个问号。

I妈妈似乎也觉得有必要说明一下，于是话锋一转。

“可是，我觉得，I这样‘太安静了’，是不是有问题？”I妈妈望着我，像是在等我给她一个答案。

“你觉得‘他这么安静’，有什么问题吗？”

“怎么没有问题？I总这么安静，有时候，你都感觉不到他在，有时候，会吓我一跳。因为你知道的，我一直都让他全托或者住校的，经常家里是没人的。我都习惯了家里就我一个人。有时候，突然看到他，会吓一跳。而且，他走路都没声儿的，做事也基本没声音，看电视都是静音。我跟他说过，‘你是男人。男人就要有个男人的样子，就要有声势，别总像个鬼似的’。”

“那，他怎么说？”

“他什么都没说，就只是点头，算是答应了。可是，他还是以前的样子，都不改的。说的次数多了，我都觉得自己是跟一个鬼生活在一起。现在，我跟一个男的正在交往，他就把别人吓了一跳。老王，就是我正交往的那个男的，他说：要是I不改，他就不来了。老师，我能怎么办？我都40岁的人了，没几年就老了。现在再不找一个，以后老了怎么办？”I妈妈眼里流露出恳求的神情。

“那你觉得我可以做什么来帮助你呢？”

I妈妈似乎愣了一下：“你就让他‘像个男人一样’大声地说话、邋里邋遢、闯点祸什么的都行，就是不要再这样安静得像鬼就行了。我是习惯了，可是别人不了解，不习惯，那要怎么生活在一起？”

I静静地坐着，像在参禅，无欲无求，好像整个世界都与他无关。

我跟他说什么呢？

我静静地注视他。

他终于抬眼看我，他也静静地注视我。

“你能跟我讲讲你的故事吗？”

……

“你喜欢画画吗？”

“嗯。”轻轻的一声。

“那我们画画吧。”

拿着他的画，很幼稚的儿童画画风，我忍不住要笑出来。

“你能给我讲讲你的画吗？”说着，我将画展开在他面前。

他慢吞吞地伸出手指，指着画中那头巨大的棕色的一团，“这是我妈妈”。然后指着画作一角，一团“螺纹”，“这是我”。

我仔细地看着他的画，努力去理解他所说的“妈妈”和“他自己”的形象。

“这看起来像什么？”我指着“他的妈妈”。

“野猪。”说着，他又伸出手指，指着“野猪的头部”白色的、巨大的、“匕首”一样的东西，“这是野猪的獠牙。很厉害的，可以杀死人的。”说着他盯着我的眼睛，很认真地、郑重地点点头。

“那你自己又像什么呢？”我指着画中的I——那团“螺纹”。

“我是一只蜗牛。”他又努力地点点头，很肯定的样子。

“你可以给我讲讲‘野猪妈妈’和‘蜗牛儿子’的故事吗？”

I静静地看着画作，像在构思，又像在组织语言，过了一会儿道：

“森林里住着一只野猪。她很有力量，是整个森林的主人。但是，森林里所有的事都需要她去管理，所以，她很忙。她每天晚上都会很累。她需要休息。

“她有个儿子，是只蜗牛。蜗牛儿子做事很慢，总是跟不上野猪妈妈的节奏，总是打破野猪妈妈的计划。野猪妈妈就把蜗牛儿子送到‘城堡里’。只有当野猪妈妈有空时，才会去见她的蜗牛儿子。

“蜗牛儿子有时候很想他的妈妈，可是妈妈总不能来。有时候，野猪妈妈把蜗牛儿子带回家，可是她太累了，她就会睡着。蜗牛儿子怕影响妈妈休息，就会尽量安静，不发出任何声音。

“有时候，森林里会发生一些事，会有风暴，野猪妈妈会在风暴中心，红着眼睛，向天嚎叫，长长的獠牙会把一切对手刺穿，顶到天上……蜗牛儿子就会害怕，就会缩进自己的壳里，捂上耳朵，等着狂风暴雨过去。

“后来，森林里来了一只长颈鹿。野猪妈妈喜欢他，想和他生活在一起。可是，长颈鹿不喜欢蜗牛儿子，还要踩死蜗牛儿子。

“野猪妈妈现在又想把蜗牛儿子送走，送回‘城堡’。这样，她就能和长颈鹿生活在一起了。”

……

故事讲完了，I 像是很落寞，低垂着眼。

“你觉得野猪妈妈爱蜗牛儿子吗？”

I 抬头看着我，很久，然后，摇摇头。

“那，蜗牛儿子准备怎么办呢？”

I 低下头，想了很久。

“蜗牛儿子有一天会离开森林，会去周游世界。”

“在周游世界的旅途中，蜗牛儿子可能会有什么样的经历呢？”

I 沉默了很久，缓缓地说：“也许他会遇到大雨，会淹死；也许他会遇到大旱，会晒死；也许他会被鸟儿吃掉；也许，他会遇到另外一只蜗牛……”

I 也许先天的气质类型是属于抑郁－粘液质，天生就比较抑郁安静，而 I 的妈妈可能属于多血－胆汁质，天生外向、好动。这样两种气质类型的人相处并不一定不好，因为其互补性，可能会是比较好的搭配。但是这时就要参考两个人其他的性格因素、关系亲疏远近、二人关系中的力量角逐等等因素。

而 I 的妈妈与 I 的关系中还包括权力与控制、投射与认同等更多的因素。

用 I 充满“隐喻色彩”的说法来说明妈妈和自己的关系：

妈妈是个很有力量的，像“野猪”一样的存在——庞大、有力、横冲直撞、冲动、原始、野蛮等，她掌控着一切；而自己却像“蜗牛”一样的“缓慢”“脆弱”，也许还有一些细致的、柔弱的“美感”，这与“野猪妈妈”是迥然不同的风格。

妈妈和自己是完全不同的人。

妈妈将全部的精力都释放到了外部世界，而自己却不在妈妈的注意范围之内，自己并不属于妈妈的世界。

与此同时，还由于I小时候很早就与母亲分离，没有与母亲建立起亲密的情感关系，母子之间就显得比较生疏、陌生。

也许，对于I妈妈而言，I的存在是她奋斗的动力，但在她心里对I可能并没有多么深刻的情感。也就是说，I只是占据一个位置的“物件”，如果不是I，也可以是别人，只是那个“位置”需要一个人来占据，使那个位置是“充盈的”就行。换句话，也许更冷酷的假设可以是，I妈妈需要证明自己是个有能力的人、是个“好妈妈”——充满牺牲与奉献精神、经历了许多的坎坷和不幸，因此，要儿子在身边来衬托。而对“具体的”“活生生的”“有血有肉的”“有情感需要的”I而言，妈妈可能并不是真的那么在乎。或者是，由于I妈妈长期一个人面对所有的生活压力，女性和母性的柔情、细腻、敏感已经被压缩、逼退到最不重要的角落。在和I相处时，I妈妈完全没有意识到I作为一个孩子对母亲的情感需求。

而对于I而言，自己是孤独的，就像一只背着壳的蜗牛，而“妈妈”既远又近——妈妈总不会把注意力投注到自己身上，对自己而言，妈妈是“遥远的”；而在自己的心里，却时时装着妈妈，为了不影响妈妈休息，“蜗牛儿子”会很安静——此时，妈妈就在身边，妈妈也永远在自己心里——那个“脆弱”“会累”“需要休息”的妈妈在“蜗牛儿子”的心里，是一个需要照顾的对象，此时，妈妈“很近”。

而妈妈似乎永远都没有把儿子放在心里很重要的位置上，现在，为了自己的恋情，妈妈想改变儿子来适应恋人的需要。

## 【给家长的建议】

1. 理清楚问题实质，从根源上解决。

案例中，I 妈妈的近期困扰是“男友与儿子之间的矛盾”。对于 I 妈妈来说，她可能更看重男友。所以，她希望通过改变儿子来解决这个问题。

但问题的实质是什么呢？

从 I 妈妈的生活历程来看，她存在的问题是她处理亲密关系的能力。

早年，她在处理恋爱关系时，没能准确地判断前夫的问题是本质性的、环境性的，还是阶段性的，做出了错误的决定，影响了自己后来的生活。

离婚后，她对创伤性的体验耿耿于怀，没有从中总结学习，而是简单地拒绝亲密关系，其中也包括对儿子的疏离和冷漠（如将儿子送去全托）。所以，她其实一直没有从创伤中复原，至今依然对前夫及其家庭无法释怀。

现在，随着年龄增长，她希望再次建立亲密关系，可是，她怀着对过去的创伤性记忆和对未来的不确定的恐惧，谨小慎微，同时由于没有新的模式，她只能按照过去的不够成熟的模式行事。所以，她认为解决这个问题的唯一方式就是“改造儿子”来适应男友。

I 妈妈需要的其实是澄清自己对亲密关系的看法，调整中间不具有适应性的部分。比如：关于离婚，I 妈妈总是认为自己受到了伤害，总是抱着受害者心态，无法放下对前夫及其家庭的怨恨。可是，如果换个视角，也许她更应该感谢前夫及其家庭，因为他们放过了她，同意她离婚，同意她获得 I 的抚养权。否则，她现在还生活在痛苦的环境中——老公成天打游戏，公婆不帮忙，孩子可能也会受到影响，整个人生是无望、无助的……而事实上，她现在不仅经济独立，有能力解决生活中的种种困难，孩子也身体健康、学习努力，她能感受到对生活有一定的掌控。这些也是因为自己离婚而得到的好处。

所以，理清问题的实质，从问题的根源上解决，才是真正的办法。

2. 接纳与自己不同的、不符合自己期许的存在。

每个人都是不同的。

我们都承认这句话是对的。但是，我们会加上补充条件——“别人都是如何如何，你也应该如何如何”，比如：我孩子可能真的不适合坐在教室里读书，但是，至少他应该考个大学，现在最起码应该有个大学学历，才能在社会上找份工作……再如：你脑袋里可能是少根学数学的弦，但是，别人都能及格，至少你也要及格呀！

案例中的妈妈与儿子可能在气质类型上先天就属于不同的类型，加上后天的养育环境，儿子尽量地收缩自己，不影响身边的任何人，尤其是独立支撑整个家庭、非常辛苦的妈妈，有事就“缩回自己的壳里”，独自去消化所有的压力。一方面的确减少了妈妈的压力，但另一方面其实也减少了和妈妈互动的机会，减少了和妈妈在情感上交流的机会，使得妈妈都不了解自己的儿子。而孩子之所以会这样，我们可以根据孩子那些非常具有“隐喻色彩”的描述获得某些提示，比如：“有时候，森林里会发生一些事，会有风暴，野猪妈妈会在风暴中心，红着眼睛，向天嚎叫，长长的獠牙会把一切对手刺穿，顶到天上……蜗牛儿子就会害怕，就会缩进自己的壳里，捂上耳朵，等着狂风暴雨过去。”在这段描述中，我们可以很清晰地看到妈妈情绪失控时的可怕，狂暴愤怒的母亲就像一头疯狂的野猪，拥有摧毁一切的力量。这样不稳定、不可亲近的母亲，我想任何人都是不敢靠近的。

所以，当单身母亲非常有力量，要独立面对一切时，儿子的柔弱、缓慢可能就会阻止母亲去亲近自己的孩子，并认为孩子不符合自己的预期，从而感到失望。正如同电影《钢铁侠》里斯塔克小时候就不被自己的父亲接纳一样。母亲并不接纳与自己不同的儿子，也没有试图去了解自己的儿子。母子之间的隔阂就会一直存在。而且这也会深深地刺痛孩子，正如孩子后来描述的一样：“也许他会遇到大雨，会淹死；也许他会遇到大旱，会晒死；也许他会被鸟儿吃掉……”得不到情感滋养的孩子就像一只小小的蜗牛，孤独、寂寞，当他独自外出时，他可以预见自己可能会遭遇各种“死亡”。

有人说过：希望当这世上所有的路都走不通时，我至少还有一条回家的路。

来自家庭、父母的接纳，是孩子可以勇敢面对未知世界的保障。

## 【给孩子的建议】

1. 找到自己的心灵支撑，建构自己的秘密花园。

作为小孩子，我们都需要来自父母无微不至的爱和关怀，离开了这一切，我们都会像缺水的花草一样枯萎死去。长大成人之后，我们也一直需要爱来滋养。

可是，每个人都有自己的困难和问题需要解决，将来我们长大成人之后也会遇到相似的问题。所以，我们不能一直像嗷嗷待哺的雏鸟一样等着父母来喂养，我们也要慢慢长大，我们也要学习自己捕食，我们也要去探索家庭之外的世界，寻找除家人之外的其他亲密情感，比如：同学友情、朋友之谊、爱情等。

在我们长大成熟的过程中，我们不仅可以获得更多的情感支持，我们也可以同样地支撑父母。

同时，除了情感，事业、兴趣、信念都可以支撑我们渡过一个个难关。

所以，寻找自己的心灵支撑，用情感、事业、兴趣、信念等有价值的东西构建属于自己的秘密花园。当自己遇到困难时，需要安静、独处时，我们要有可以依傍的东西帮助我们渡过难关。

2. 陪伴守候需要陪伴守候的人。

小时候，我们都认为父母是这世上最伟大的人，他们无所不能，只要有父母，自己可以无所畏惧。

渐渐地，我们会发现，父母也有脆弱的时候，他们也有痛哭流涕的时候，他们也有过不去的难关。这时，我们的世界往往也是崩溃的——昔日的伟人也会有英雄末路，这是我们无法接受的。这时我们可能会鄙视他们。好想我们可以通过鄙视他们，将自己内心的崩溃和幻灭一并拒之门外。

有时候，我们的父母其实也像小孩子一样，需要来自家人的接纳和关怀，以应对他们在外承受的各种压力和创伤。

我们能做的非常有限，其实我们也并不需要做什么，我们只需要做好我们的本分，好好学习、好好做人，不给此时此刻的父母、家人再添烦恼，就是最好的帮助。

也许，当他们情绪不稳定时，在一旁静静地待着，让他们感到有人对他们不离不弃就好。

当然，每个人都是不同的，可能我们的父母不希望我们看到他的脆弱，希望我们离开，让他们独自一个人待着。无所谓，只要我们能够让他们感受到家人的支持和陪伴就行，哪种具体的方式并不重要。